国家示范性高等职业教育电子信息大类“十二五”规划教材

HTML与CSS程序设计项目化教程

主　审　董　宁

主　编　江　平　汪晓青

副主编　梁晓娅　马　力

参　编　龚　丽　张　恒　苏　智

　　　　杨　烨　王彩梅

华中科技大学出版社

中国·武汉

内容简介

代表下一代网页编写技术的 HTML5 和为网页提供布局与格式的 CSS3，构成了 Web 开发的基石，也是 Web 程序员和设计师必须熟练掌握的最基本技能。

本书结合最新的 HTML5 与 CSS3 技术，深入浅出地介绍了前台网页设计需要掌握的相关知识及技能。在理论知识讲解方面，注重 HTML5 和 CSS3 基本知识与技巧的传授；在实例制作方面，注重实战，步骤详细，易于上手。全书共 14 个项目，内容包括网页基础、HTML 基本结构、文本、CSS 样式、列表、图像、超级链接、表格、使用 CSS 进行页面布局、多媒体、表单、使用 CSS3 进行增强、综合实例、Web 测试与发布等。所用的实例涉及范围广，贴近实际。

为了方便教学，本书还配有电子课件等教学资源包，相关教师和学生可以登录“我们爱读书”网（www.ibook4us.com）免费注册并浏览，或者发邮件至 hustpeiit@163.com 免费索取。

本书可作为高职高专院校相关专业网页设计教材，也可作为 Web 前端开发人员、网站建设人员的参考书，还可作为各类电脑职业培训教材。

图书在版编目(CIP)数据

HTML 与 CSS 程序设计项目化教程/江平，汪晓青主编. —武汉：华中科技大学出版社，2015.6 (2024.1 重印)

ISBN 978-7-5680-0974-4

Ⅰ.①H… Ⅱ.①江… ②汪… Ⅲ.①超文本标记语言-程序设计 ②网页制作工具 Ⅳ.①TP312 ②TP393.092

中国版本图书馆 CIP 数据核字(2015)第 135792 号

HTML 与 CSS 程序设计项目化教程 江 平 汪晓青 主 编

策划编辑：康 序
责任编辑：史永霞
封面设计：原色设计
责任校对：李 琴
责任监印：朱 玢
出版发行：华中科技大学出版社（中国·武汉） 电话：(027)81321913
武汉市东湖新技术开发区华工科技园 邮编：430223
录 排：武汉正风天下文化发展有限公司
印 刷：武汉市首壹印务有限公司
开 本：787mm×1092mm 1/16
印 张：18
字 数：413 千字
版 次：2024 年 1 月第 1 版第 7 次印刷
定 价：38.00 元

本书若有印装质量问题，请向出版社营销中心调换
全国免费服务热线：400-6679-118 竭诚为您服务
版权所有 侵权必究

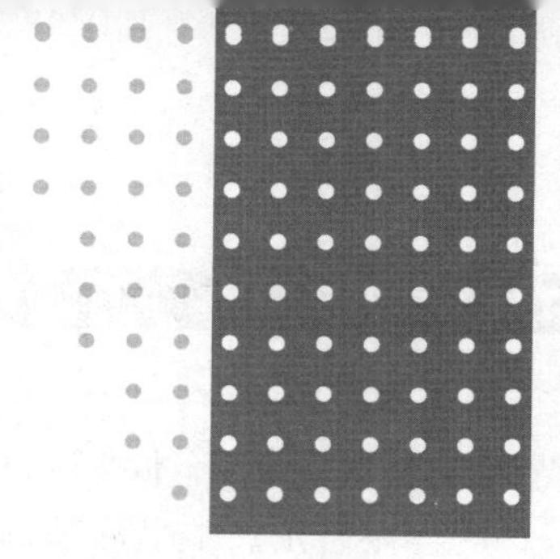

FOREWORD
前言

在过去的几年里，为网页编写代码和添加样式的方式、浏览网页所用的浏览器以及使用浏览器的设备都发生了明显的变化。曾经，我们只能通过台式机或笔记本浏览万维网，而如今我们可以通过更多设备访问万维网，如手机、平板电脑。作为网页基础的 HTML 与 CSS 技术也在不断变革，HTML 已更新到 HTML5，CSS 也改进为 CSS3。

HTML5 将成为新一代的 Web 技术标准，必定会改变整个 Web 应用领域的规则（比如实现 Web 应用的本地化、摆脱对 Flash 和 Silverlight 等浏览器插件的依赖），它在给新的 Web 应用带来无限可能性的同时，还能带来更快、更好、更炫的用户体验。CSS3 也将为 Web 开发带来革命性的影响，很多以前 JavaScript 和 Ajax 框架才能实现的复杂效果（如多背景、圆角、3D 动画等），现在使用 CSS3 就能简单地实现，极大地提高了程序的开发效率。

本书根据计算机相关专业人才培养的需要，结合高职高专对学生网页设计与制作的技术能力要求，行业企业相应岗位能力要求及当今流行的网页制作新技术、新标准，以"实用、好用、够用"为原则，全书内容知识连贯、逻辑严密、实例丰富、内容翔实、可操作性强，深入浅出地展示了网页设计的特性，系统全面地讲解了 HTML5 与 CSS3 设计网页的技巧。全书共 14 个项目，内容包括网页基础、HTML 基本结构、文本、CSS 样式、列表、图像、超级链接、表格、使用 CSS 进行页面布局、多媒体、表单、使用 CSS3 进行增强、综合实例、Web 测试与发布等。每一个项目都注重实战，贴近实际，深度逐级递进，具有很强的实用性。

本书主要具有以下特点。

1. 知识结构设置合理

在板块设计上，全篇始终贯彻 HTML 负责结构、CSS 负责样式的网页设计思想。内容与样式分离的理念并不像很多传统教材一样生硬地将 HTML 与 CSS 分成两大模块分别讲述，本书将这两者的使用糅合在每一个网页元素的讲解与运用中，使学生在学习每种网页元素的过程中既能掌握 HTML 的标记与属性的使用方法，又能掌握使用 CSS 设计该元素外观的技术。

2. 采用新技术、新标准、新规范

HTML5 和 CSS3 的出现为 Web 开发引入了一些新的实践方法，也让一些做法变得过时。对于初学者来说,本书可以让他们从一开始就学到正确的做法,而不必先学陈旧的知识,日后再做修正。本书从基础讲起,紧密结合 HTML5 和 CSS3 的最新规范和最佳实践,构建了一套全面的知识体系。

3. 讲解清晰易懂

本书内容结构清晰,浅显易懂,每个实例都配合详细的步骤说明、代码和图示,使学习过程变得更加轻松和容易上手。

为了方便教学,本书还配有电子课件等教学资源包,相关教师和学生可以登录"我们爱读书"网(www.ibook4us.com)免费注册并浏览,或者发邮件至 hustpeiit@163.com 免费索取。

本书由江平、汪晓青担任主编,梁晓娅、马力担任副主编,龚丽、张恒、苏智、杨烨、王彩梅参加编写。

本书是作者对多年从事网页设计的经验和感受的总结。由于时间仓促加之作者水平所限,书中难免会有疏漏与不妥之处,敬请广大读者批评指正,不吝赐教。

编　者

2016 年 5 月

CONTENTS
目录

项目一　网页基础

项目二　HTML 基本结构

项目三　文本

项目四　CSS 样式

项目五　列表

项目六　图像

项目七　超级链接

项目八　表格

项目九　使用 CSS 进行页面布局

项目十　多媒体

项目十一　表单

项目十二　使用 CSS3 进行增强

项目十三　综合实例

项目十四　Web 测试与发布

项目一 网页基础

项目导读

网站是 Internet 上的一个重要平台，已经成为当今不可缺少的展示和获取信息的来源。一个网站是由相互关联的多个网页构成的。网页上的信息包含文本、图像、动画、声音、视频等多种元素。本项目将介绍网页、网站等的基本概念以及创建一个简单网页的方法。

任务一 浏览网站

图 1-1 所示为武汉软件工程职业学院的网站首页，图 1-2 所示为该网站的子页面。

图 1-1 武汉软件工程职业学院网站首页

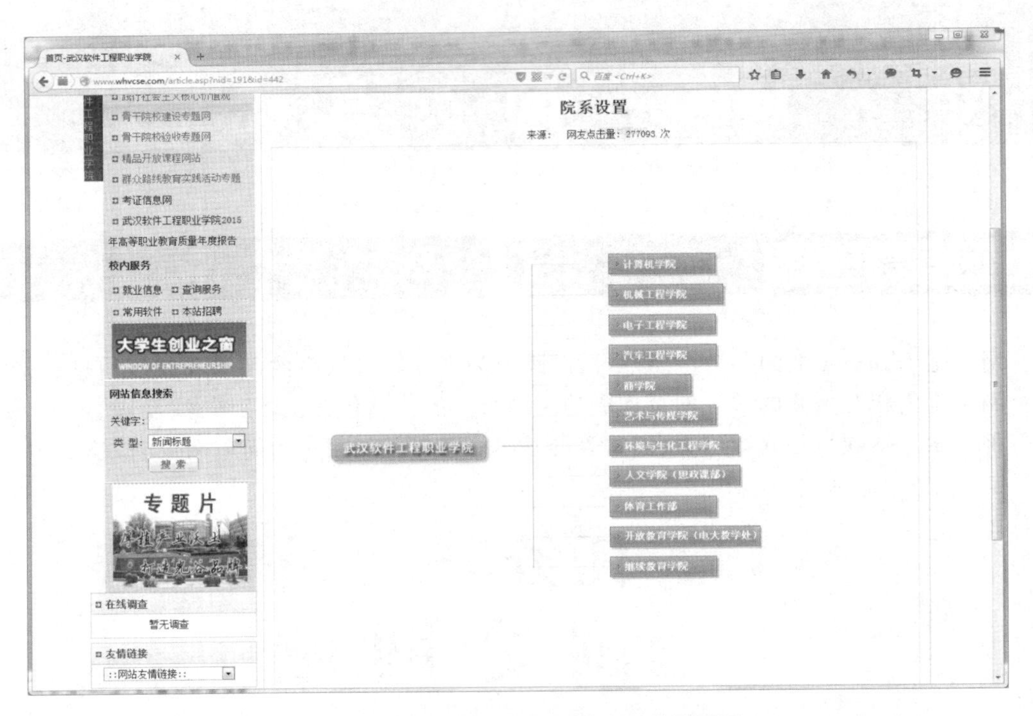

图 1-2　武汉软件工程职业学院网站子页面

一、WWW 万维网

1. Internet 的起源

互联网(Internet),又称网际网路,或音译为因特网、英特网,是一组全球信息资源的总汇。它由许多小的网络(子网)互联而成为一个逻辑网,每个子网中连接着若干台计算机(主机)。Internet 以相互交流信息资源为目的,基于一些共同的协议,并通过许多路由器和公共网互联而成,它是一个信息资源和资源共享的集合。

在科学研究中,经常碰到"种瓜得豆"的事情,Internet 的出现也正是如此。它的原型是 1969 年美国国防部远景研究规划局为军事实验用而建立的网络,名为 ARPANET,初期只有四台主机,其设计目标是当网络中的一部分因战争原因遭到破坏时,其余部分仍能正常运行。

在 20 世纪 80 年代初期,ARPA 和美国国防部通信局成功研制了用于异构网络的 TCP/IP 协议并投入使用;1986 年在美国国会科学基金会的支持下,用高速通信线路把分布在各地的一些超级计算机连接起来,以 NFSNET 接替 ARPANET;进而又经过十几年的发展形成 Internet。其应用范围也由最早的军事、国防,扩展到美国国内的学术机构,进而迅速覆盖了全球的各个领域,运营性质也由科研、教育为主逐渐转向商业化。

Internet 早已在我国开放,通过台式机、笔记本电脑、手机,甚至电视机、DVD 机等都能很方便地享受到 Internet 的资源，人们可以利用它为自己的工作、学习、生活锦上添花，真正做到“足不出户，可成就天下事，潇洒作当代人”。

2. WWW 的系统结构

Internet 是相互连接的网络集合，是由成千上万个网络、上亿台计算机通过特定的网络协议相互连接而成的全球计算机网络，是提供信息资源查询和信息资源共享的全球最大的信息资源平台。WWW(world wide web)是基于 Internet 的、由软件和协议组成的、以超文本文件为基础的全球分布式信息网络，称为万维网，简称 Web。万维网并不等同互联网，万维网只是一个基于超文本相互链接而成的全球性系统，是互联网所能提供的服务之一。

WWW 的系统结构采用的是客户/服务器结构模式，客户端只要通过“浏览器”(browser)就可以方便地访问 Internet 上的服务器端，迅速地获得所需的信息。浏览者的主机是客户机，提供信息的主机是服务器，如图 1-3 所示。

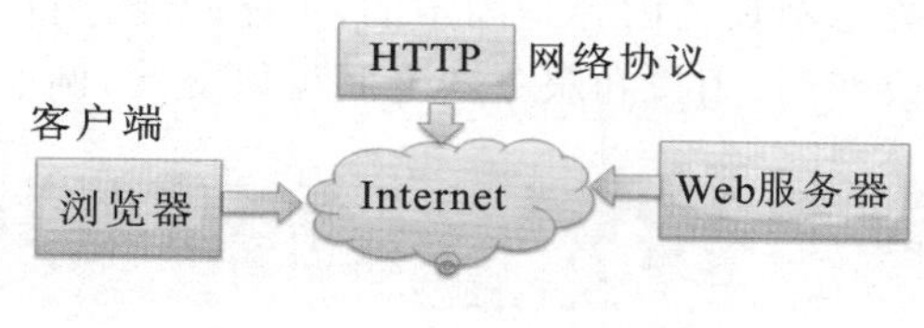

图 1-3　WWW 系统结构

二、网站和网页

1. 网页

网页是构建 WWW 的基本单位，网页中包含文本、图像、声音、动画、视频等多种信息。网页文件的扩展名可以是“. html”“. htm”或“. asp”“. aspx”等。

2. 网站

网页中还包含有“超链接”，通过已经定义好的关键字和图形，轻轻单击鼠标就可以跳转到相应的其他文件，获得相应的信息，从而实现网页之间的链接，构成了 WWW 的纵横交织的网状结构。通过“超链接”连接起来的一系列逻辑上可以视为一个整体的所有页面，叫作网站。

网站是有独立域名、独立存放空间的内容集合，是一组具有相关主题、类似的设计、链接文档和资源的组合。这些内容可能是网页，也可能是程序或其他文件。人们可以通过域名或网址访问一个网站的内容。

当人们在浏览器地址栏中输入网站的网址后，首先看到的页面即是一个站点的起始页面，通常被称为主页或首页。主页可以看作是一个网站中所有主要内容的索引，访问者可以按照主页中的分类来精确快速地找到自己想要的信息内容。主页的文件名一般是 index. html 或 default. html 等。网站中的其他页面也称为子页面。

3. 网站的类型

按照网站主体性质的不同，网站可以分为政府网站、企业网站、商业网站、教育科研机构网站、个人网站、其他非营利机构网站以及其他类型网站等。

按照网站的功能，网站可以分为产品（服务）查询展示型网站，品牌宣传型网站，企业涉外商务网站，网上购物型网站，企业门户综合信息网站，行业、协会信息门户/B2B、交易服务型网站，政府门户信息网站等。

网站的涉及面广、功能强大是显而易见的。因此，如何构建一个好的网站是非常重要的。

4. 静态网页和动态网页

网页还可以分为静态网页和动态网页，它们的区别在于用户和服务器是否存在交互。静态网页的内容是固定的，不能改变，用户和服务器之间不能交互。动态网页的内容是可以改变的，用户和服务器之间可以交互，例如留言板、搜索页面等都是动态网页。

三、浏览器

浏览器是指一个运行在用户计算机上的程序，它负责下载网页、解释并显示网页。它可以显示网页中的文字、图像及其他信息。这些文字或图像，可以是连接其他网址的超链接，用户可迅速及轻易地浏览各种信息。

我国用户计算机上常见的网页浏览器有 Internet Explorer、Firefox、Safari、Opera 浏览器、Google Chrome、百度浏览器、搜狗浏览器、360 浏览器、UC 浏览器、傲游浏览器、世界之窗浏览器等，浏览器是最经常使用到的客户端程序。

不同的浏览器其解释引擎（又称为浏览器内核）也不尽相同。常见的浏览器内核及其代表的浏览器有：

引擎 Trident——浏览器 Internet Explorer；

引擎 Webkit——浏览器 Apple Safari、Google Chrome；

引擎 Geckos——浏览器 Mozilla Firefox；

引擎 Presto——浏览器 Opera。

任务二 创建一个简单的网页

实例代码：

```
<! doctype html>
<htmllang="en">
<head>
    <meta charset="utf-8" />
    <title>我的第一个网页</title>
```

```
    </head>
    <body>
        <p>欢迎来到我的第一个网页！</p>
    </body>
    </html>
```

实例效果图(见图 1-4)：

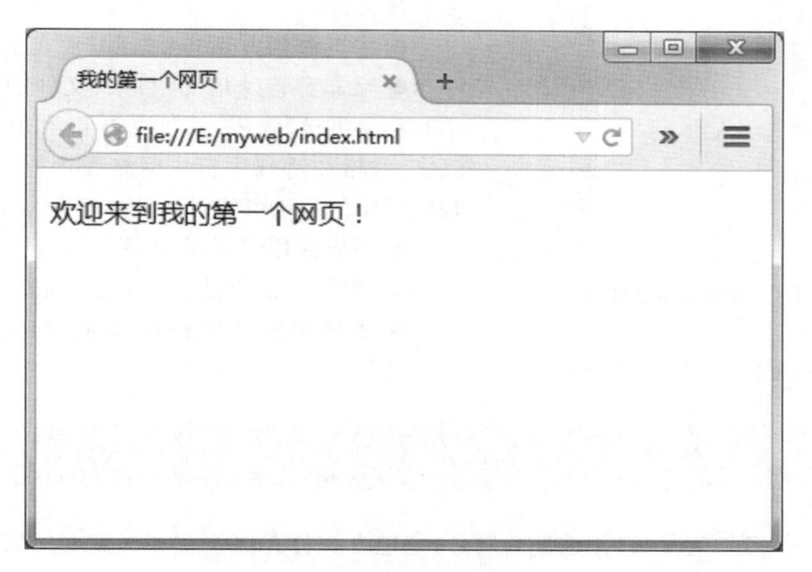

图 1-4　我的第一个网页

一、规划网站结构

在制作一个网站之前，需要对网站做出总体规划。首先，从网站的需求分析、主题和内容、名称、整体风格、结构等方面对个人网站项目进行整体规划，同时设计出主要网页的版式和网站 Logo。

整体规划还包括对各个页面文件的存放位置、各关键网页之间的关联(尤其是主页与次页)、导航机制做一个大致的规划，这种规划应和网站的内容紧密结合。

在存放位置上，尽量不要将所有的文件都存放在根目录下，可根据网站中各个文件的性质决定是否分类存放到不同的文件夹中，如图片文件、动画文件、脚本文件、某一栏目的文件、公共文件等。目录的层次也不宜过深，最好不要超过四层。合理的目录结构对于网站的维护、扩展、移植有很大的影响。

例如图 1-5 中，文件夹 myweb 是站点根文件夹，网站所有内容都存放在该文件夹内。index. html 是网站的首页，文件夹 images 用来存放所有的图像。

在根目录中合理组织网站所有文件及文件夹，应遵循以下要求。

● 在网站根目录中开设 images、webs、common 三个子目录，根据需要再开设 media 子

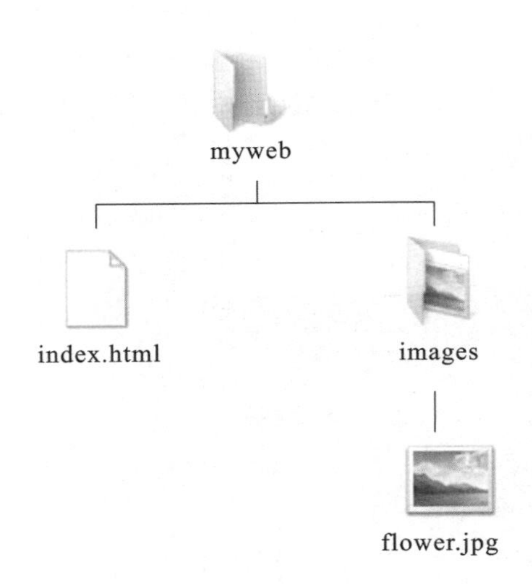

图 1-5　管理网站文件夹

目录。images 目录中放不同栏目的页面都要用到的公共图片，例如公司的标志、banner 条、菜单、按钮等；webs 子目录中放除了主页之外的其他子页面；common 子目录中放 css、js、php、include 等公共文件；media 子目录中放 flash、avi、quick time 等多媒体文件。

- 主页命名为 index. html，放在根目录中。
- 除非有特殊情况，目录、文件的名称全部用小写英文字母、数字、下划线的组合，其中不得包含汉字、空格和特殊字符。网络无国界，使用中文或特殊字符的目录可能对网址的正确显示造成困难。
- 不要使用过长的目录。尽管服务器支持长文件名，但是太长的目录名不便于记忆，也没必要。
- 尽量用意义明确的目录，如 Flash、JavaScript 等，这样更便于记忆和管理。

二、URL

URL（统一资源定位符）是地址的别名，它包含文件存储位置和浏览器应如何处理它的信息。互联网上每个文件都有唯一的 URL。

1. URL 的基本结构

URL 的基本结构如下：

URL 包含以下几个部分。

（1）模式：告诉浏览器如何处理需要打开的文件，最常见的模式是 HTTP（超文本传输协议）。HTTP 用于访问网页，其他模式还有用于下载文件的 FTP（文件传输协议）、用于发送电子邮件的 mailto 等。

（2）主机名：文件所在的主机的名称。

（3）路径：包含到达这个文件的文件夹以及文件自身的名称。当路径缺省时，URL 指的是站点首页。

例如，可以通过 http://www. site. com/images/flower. jpg 访问图 1-5 网站中的图像文件。

2. 绝对 URL 和相对 URL

上面说到的 URL，我们又可以称之为绝对 URL，绝对 URL 包含了指向目录或文件的完整信息，包含模式、主机名和路径。

URL 也可以是相对的，相对 URL 主要用于在一个网站内部进行文件引用或链接等。相对 URL 以包含 URL 本身的文件位置为参照点，描述目标文件的位置。例如，图 1-6 所示的网站，www. site. com 是站点根文件夹，在该网站的 this. html 页面中要引用本站点内的其他文件，相对 URL 的指定有以下几种情况。

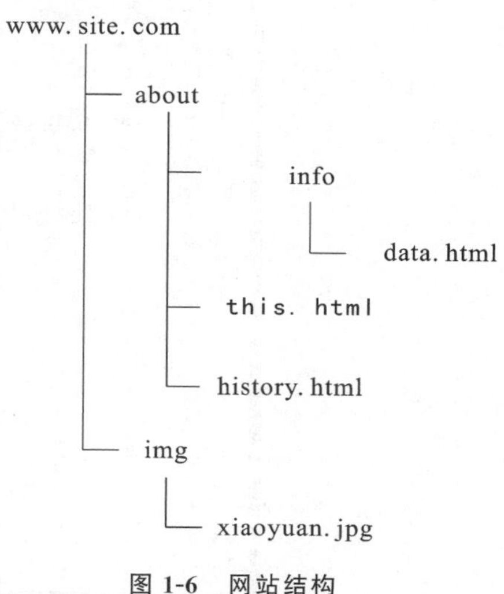

图 1-6　网站结构

1）引用同一目录下的文件

如果目标文件与当前页面（也就是包含 URL 的页面）在同一目录下，那么这个文件的相对 URL 就是文件名。例如要引用文件 history. html，地址为：history. html。

2）引用子目录下的文件

如果目标文件在当前目录的子目录中，那么这个文件的相对 URL 就是子目录名，接着是一个斜杠，然后是文件名。例如要引用文件 data. html，地址为：info/data. html。

3）引用上层目录的文件

如果要引用文件层次结构中更上层目录的文件，应该使用../代表返回上一级目录，如果要返回两级目录则可以写为../../，如果要返回多级目录则依次类推。

例如要引用文件 xiaoyuan. jpg，地址为：../img/xiaoyuan. jpg。

4）根相对 URL

如果文件在服务器上，应该避免使用../img/xiaoyuan. jpg 这样显得较为笨拙的文件路径，更简单的方法是通过根目录找到文件。例如上面的引用地址可写为：/img/xiaoyuan. jpg

这里，第一个斜杠代表根目录。

注意

这种做法只能用于 Web 服务器。

三、创建新的网页

1. 网页制作工具

网页是一个纯文本文件，可以使用记事本、写字板、Word 等文本编辑工具创建，或者使

用 Dreamweaver 等所见即所得的工具创建网页。图 1-7、图 1-8 所示分别是使用记事本和 Dreamweaver 创建的网页。

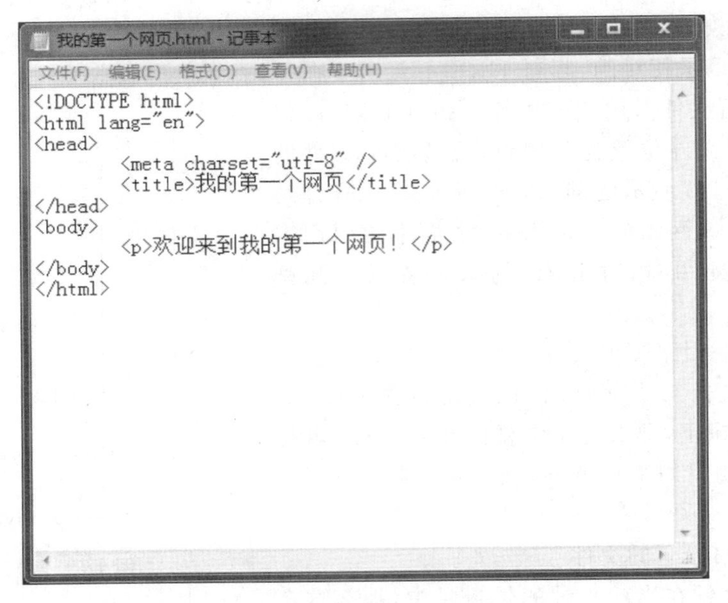

图 1-7　使用记事本制作网页

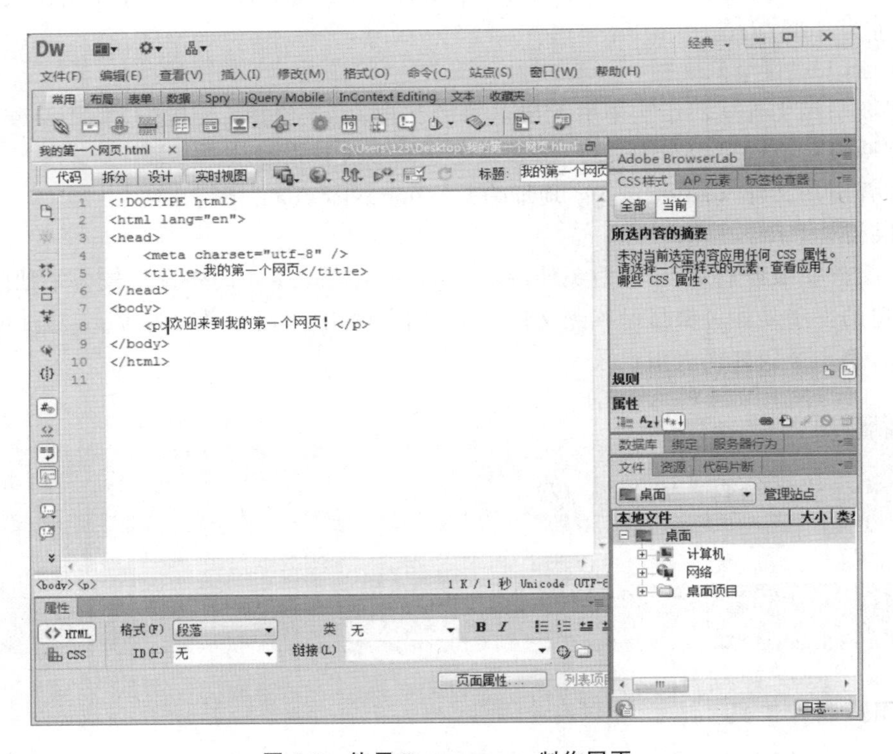

图 1-8　使用 Dreamweaver 制作网页

2. 创建、编辑、保存与浏览网页

下面的步骤是以“记事本”为例创建一个新的页面。

(1) 打开“记事本”程序。

(2) 在“记事本”中输入本任务中的网页代码。

(3) 保存文件名为 index. html。保存好后，该文件图标就会转换为网页文件图标。

(4) 直接双击保存好的网页文件，默认浏览器会打开该页面。也可以选择其他浏览器打开网页文件。在浏览器窗口中单击右键，选择“查看源文件”命令，可以看到该网页的代码。

(5) 如果需要对该网页进行编辑，可以在该文件图标上单击右键，选择“打开方式”中的“记事本”即可以用记事本打开该网页文件。

四、HTML

本任务中的网页代码使用的技术是 HTML(hyper text markup language，超文本标记语言)，它并不是一种程序设计语言，而是一种页面结构描述语言。它用不同的标记来描述网页中的段落、标题、图像等基本结构，例如<p></p>是一个段落标记，它描述一个段落；<h1></h1>是一个一级标题标记，它描述一个一级标题。

当用户通过网页浏览器阅读 HTML 文件时，浏览器负责解释 HTML 文本中的各种标记，并以此为依据显示文本的内容。我们把用 HTML 语言编写的文件称为 HTML 文本。HTML 至今已发展到了 HTML5。

任务三 Web 标准

实例代码：

```
<!doctype html>
<htmllang="en">
<head>
    <meta charset="utf-8" />
    <title>我的第一个网页</title>
    <!--使用 javascript 在页面上输出文本“hello”-->
    <script type="text/javascript">
        document.write("hello");
    </script>
```

```
        <!--使用 css 将段落颜色设为红色-->
        <style type="text/css">
            p{
                color:red;
            }
        </style>
    </head>
    <body>
        <p>欢迎来到我的第一个网页！</p>
    </body>
    </html>
```

实例效果图(见图 1-9)：

图 1-9　使用 HTML、CSS、JavaScript 技术

本任务在任务二的基础上添加了一部分代码，页面内容发生了两个变化：①段落文本变为红色；②增加了文本输出“hello”。它们是分别通过 CSS 和 JavaScript 技术实现的。

一、CSS

CSS 全称为 cascading style sheets(层叠样式表)，是一组用于定义 Web 页面外观格式的规则。在网页制作时使用 CSS 技术，可以有效地对页面的布局、字体、颜色、背景和其他效果实现更加精确的控制。只要对相应的代码做一些简单的修改，就可以改变同一页面的不同部分，或者不同网页的外观格式。本书后面将详细介绍 CSS 的相关知识。

在本任务中，下面的代码定义了该页面中所有段落的颜色为红色。

```
<style type="text/css">
    p{
      color:red;
    }
</style>
```

二、JavaScript

JavaScript 是适应动态网页制作的需要而诞生的一种新的编程语言，如今越来越广泛地使用于网页制作上。JavaScript 是由 Netscape 公司开发的一种脚本语言，或者称为描述语言。在 HTML 基础上，使用 JavaScript 可以开发交互式 Web 网页。JavaScript 的出现使得网页和用户之间实现了一种实时性的、动态的、交互性的关系，使网页包含更多活跃的元素和更加精彩的内容。JavaScript 短小精悍，又是在客户机上执行的，大大提高了网页的浏览速度和交互能力。同时，它又是专门为制作 Web 网页而量身定做的一种简单的编程语言。

在本任务中，下面的代码是使用 JavaScript 在页面中输出文本“hello”的。

```
<script type="text/javascript">
    document.write("hello");
</script>
```

三、Web 标准

本任务的实例网页使用了三种基本技术，即 HTML、CSS、JavaScript。这三种技术分别实现了网页的三个组成部分：结构（structure）、表现（或样式 presentation）和行为（behavior）。网页的结构、表现和行为的定义分别如下。

- 网页的结构是指组成页面内容的标题、段落、表格等。
- 网页的样式是指页面元素的外观和页面的整体布局。
- 网页的行为是指用户和客户端服务器之间的交互。例如单击文本弹出提示框。

这些技术的标准大部分由万维网联盟（W3C）起草和发布的，也有一些是其他标准组织制定的标准，比如 ECMA（European Computer Manufacturers Association）的 ECMAScript 标准。这些标准统称为 Web 标准。

Web 标准不是某一个标准，而是一系列标准的集合，它在业界已经成为一种网页制作的非强制性规范。按这些规范制作的网页，注重结构清楚，内容与表现相分离，这样做将使页面数据在以后可以被分享、交换和重用，也可以为页面带来更多的益处。

项目二　HTML基本结构

项目导读

HTML 是网页的基本技术之一，创建任何的网页都离不开它。HTML 构成了网页的基本结构。本章将介绍 HTML 的基本概念、语法结构及创建一个页面的基本结构。

任务一　创建一个 HTML5 页面

实例代码：

```
<!doctype html>
<html>
    <head>
        <meta charset="utf-8"/>
        <title>任务一</title>
    </head>
    <body>
        <div>
            <h1>一级标题</h1>
            <p>段落<em>重点内容</em></p>
            <img src="img/xiaoyuan.jpg" width="200" height="150"/>
        </div>
    </body>
</html>
```

实例效果图如图 2-1 所示。

HTML(hyper text markup language)是一种文本类、依靠解释的方式执行的标记语言，即超文本标记语言，是构成网页文档的主要语言。它并不是一种程序设计语言，而是一种页面描述语言。用 HTML 编写的超文本文件称为 HTML 文件。HTML 文件无须编译，可以直接由浏览器解释执行。

图 2-1　HTML5 页面

一、HTML 的历史

HTML 的历史可以追溯到 20 世纪 90 年代初。1993 年 HTML 首次以因特网草案的形式发布。从 1995 年的 HTML2.0 版到 1999 年的 HTML4.01 版，HTML 经历了一个高速发展的阶段。然而，在快速发布了 4 个版本之后，HTML 似乎“停滞不前”了。2004 年，来自 Apple、Opera 和 Mozilla 的一群开发者成立了 Web 超文本应用技术工作小组（WHATWG），该工作小组创立了 HTML5 规范。2006 年，万维网联盟（W3C）重新介入 HTML，并于 2008 年发布了 HTML5 工作草案。因为 HTML5 能解决非常实际的问题，所以在规范还没有具体确定下来的情况下，各大浏览器厂商已经对旗下产品进行升级以支持 HTML5 的新功能。2014 年 10 月 29 日，万维网联盟宣布，经过接近 8 年的艰苦努力，该标准规范终于制定完成。

二、HTML 标记

一个 HTML 文件是由一系列的标记（tag，也称为标签）组成的，例如段落标记、图像标记。HTML 标记主要包括三种成分：元素、属性和值。

1. 元素

HTML 元素是描述网页不同部分的结构，指的是从开始标记到结束标记之间的所有代码，分为非空元素和空元素两类。

（1）非空元素。非空元素也称为双标记，即具有开始标记和结束标记两个标记。例如：

```
<p>一个段落</p>
```

上面所示的是一个段落，段落的开始标记为<p>，结束标记为</p>，其中“一个段落”是 p 元素标记的内容即为段落的内容。

(2) 空元素。还有一些元素不具有元素内容，它们称为空元素。空元素只有一个标记，既作为元素开始，又作为元素结束，在结尾处写上空格和斜杠，因此也称为单标记。例如：

```
<img src="xiaoyuan.jpg" width="200" height="150" alt="校园"/>
```

上面所示的是一个图像元素，不包围任何文本内容。img 标记中的“src＝"xiaoyuan.jpg" width＝"200" height＝"150" alt＝"校园"”是图像元素的属性和值，并未被元素包围。

2. 属性和值

大多数 HTML 元素都有自己的一些属性及属性值，属性要写在开始标记内。属性用于进一步改变显示的效果，各属性之间无先后次序，属性是可选的，属性也可以省略而采用默认值，其格式如下：

```
<标记名  属性="属性值">内容 </标记名>
```

例如：

```
<imgsrc="xiaoyuan.jpg" width="300" height="300"/>
                        |      \
                      属性    属性值
```

有的属性可以接受任何值，有的属性则有限制。例如段落标记 p 的属性 align（对齐方式），只能从预定义的标准值中选择，即 center、justify、left、right 中的一个。

3. 元素的嵌套：父元素和子元素

如果一个元素包含另一个元素，它就是被包含元素的父元素，被包含的元素称为子元素。子元素中包含的任何元素都是外层父元素的后代。这种类似家谱的结构是 HTML 代码的关键特性。例如：

```
<div>
    <h1> 一级标题</h1>
    <p> 段落<em>重点内容</em></p>
</div>
```

在这段代码中，div 元素是 p、h1 元素的父元素；反过来，p、h1 是 div 元素的子元素（也是后代）。p 元素是 em 元素的父元素；em 元素是 p 元素的后代。

4. 块级元素、短语元素与 HTML5

有些 HTML 元素从新的一行开始显示，就像书中的各个段落一样，例如段落 p 标记；而另外一些元素则与其他内容显示在同一行，例如 em 标记。这些都是浏览器默认的样式，而不是 HTML 元素自身的样式，也不是由代码中两个元素之间的空行引起的。

在 HTML5 之前，大多数元素都可以划为块级（从新行开始）或行内（与其他内容显示在同一行）两种类别。HTML5 废弃了这些术语，因为这些术语把元素与表现关联起来，而 HTML 并不负责表现。通常，旧的行内元素在 HTML5 中都被归类为短语内容。

尽管 HTML5 不再使用块级、行内这些术语，但这样划分有助于理解它们的含义。本书也会偶尔使用这些术语，以说明元素在默认情况下是另起一行还是与其他内容共处一行。

5. 语义化标记

HTML 描述的是网页内容的含义，即语义。在 Web 中，语义化 HTML 指的是那些使用最恰当的 HTML 元素进行标记的内容，在标记的过程中并不关心内容如何显示。每个 HTML 元素都有各自的语义，我们将在后面的学习中了解到。

下面我们来说明几点使用语义化 HTML 的重要原因。

(1) 提升可访问性和互操作性。视力正常的用户可以直接获取网页内容，而视力有障碍的用户只能通过放大页面和字号或者屏幕阅读器获取。屏幕阅读器会将内容周围的 HTML 元素的内容读出来，让用户了解上下文。例如，对于导航，在读取导航内容之前，屏幕阅读器会告诉用户这里有一个导航。类似地，其他元素也是一样。屏幕阅读器用户还能够通过键盘按键从一个标题跳转到另一个标题，还可以在获取页面之前先了解页面的关键主题。因此，HTML 语义对残障人士来说是非常重要的。

让页面对所有用户可用，我们称之为无障碍访问。

(2) 提升搜索引擎优化(SEO)的效果。搜索引擎对用特殊方式标记的内容会赋予更高的权重，也就是说，网页在搜索引擎中的排名会靠前。例如，标题可以告诉搜索引擎爬虫页面的主题，帮助浏览器对页面进行索引。

(3) 使代码更少、维护和添加样式变得容易。使用 CSS 我们可以轻松统一特定元素的样式，比如让所有段落的颜色为红色。如果我们将部分段落标记为 p，而其他段落标记为其他元素，这样在 CSS 中就要设定两个样式，从而增添了不必要的麻烦，这样做也会让维护代码变得困难。好的语义可以让网页变得统一和干净，使文件尺寸变小，从而浏览器加载网页的速度也会更快。

6. 书写规范

在编写 HTML 文档的时候，应该遵守相应的书写规范。虽然 HTML5 没有 XHTML1.0 那样严格的要求，但是依照习惯，仍然推荐沿用以下的书写规范。

(1) 所有元素、属性和值全部使用小写字母。虽然在 HTML5 中可以用大写字母，但是不建议使用。

(2) 对嵌套在父元素中的代码进行缩进。代码的缩进与内容在浏览器中的显示效果没有任何关系，但是这样做是一种惯例，我们在进行编写和阅读代码时就会更容易看出元素之间的层级关系。

(3) 所有的元素都要有一个相应的结束标记。非空元素必须有开始标记和结束标记，例如<p></p>、<h1></h1>；空元素在结尾处写上空格和斜杠，例如<img />、
。但在 HTML5 中有一些非空元素可以省略结束标记，例如段落标记可以只写<p>，列表项标记可以只写<li>，空元素结尾处的空格和斜杠也可以省略，例如<img>、
。但是按照惯例，通常还是按照严格的规范去书写。

(4) 所有的属性值必须用引号“”括起来。在 HTML5 中属性值两边的引号可以不写，但习惯上还是会书写它们。

(5) 所有元素都必须合理嵌套。当元素中包含其他元素时,每个元素都必须正确地嵌套,也就是子元素必须完全地包含在父元素中。如果先开始 p,再开始 em,就必须先结束 em,再结束 p,例如:<p>段落<em>重点内容</em></p>。

任务二 HTML5 页面基本结构

实例代码:

```
<!doctype html>
<html>
    <head>
        <meta charset="utf-8"/>
        <meta name ="keywords" content="education">
        <meta name="description" content="This page is about the meaning of
education.">
        <title>任务二</title>
    </head>
    <body>
        <p>欢迎来到武汉软件工程职业学院</p>
    </body>
</html>
```

实例效果图(见图 2-2):

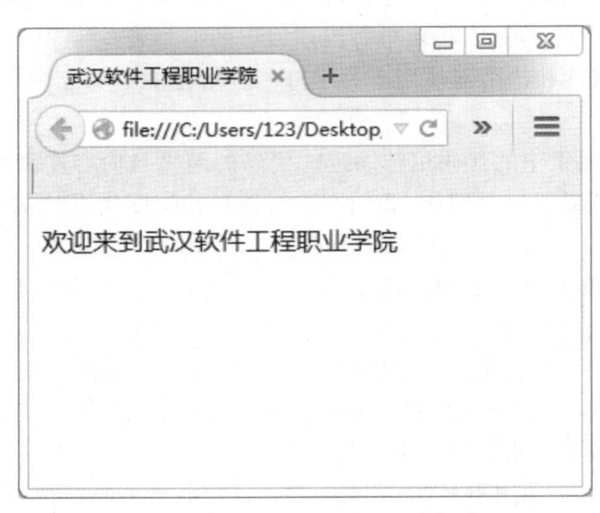

图 2-2　HTML5 页面基本结构(示例)

每个 HTML 文档都包含以下基本元素：

- doctype；
- html；
- head；
- meta；
- title；
- body。

一、doctype 声明

doctype 是文档类型标记，该标记是将特定的标准通用标记语言或者 XML 文档（网页就是其中一种）与文档类型定义（DTD）联系起来的指令。该标记应该出现在文件的第一行，是必不可少的。

在 HTML4 和 XHTML1.0 时代，有好几种可供选择的 doctype，每一种都会指明 HTML 的版本，以及使用的是过渡型还是严格型模式，既难理解又难记忆。例如 XHTML1.0 严格型文档的 doctype 声明如下：

```
<!DOCTYPE html PUBLIC"-//W3C//DTD XHTML 1.0 Strict//EN"
"http://www.w3.org/TR/xhtml1/DTD/xhtml1-strict.dtd">
```

在 HTML5 中，刻意不使用版本声明，一份文档将会适用于所有版本的 HTML。HTML5 中的 doctype 声明方法如下：

```
<!doctype html>
```

所有浏览器，无论版本，都理解 HTML5 的 doctype，因此可以在所有页面中使用它。另外，HTML5 的 doctype 不区分大小写。

二、<html>文件开始标记

在任何一个 HTML 文件里，首先出现的标记就是 html，它表示该文件是以超文本标记语言 HTML 编写的。html 标记是成对出现的，开始标记<html>和结束标记</html>分别位于文件的最前面和最后面，文件的全部内容都包含在其中。

html 标记不带有任何属性。

三、<head>和<body>文件头部标记和主体标记

HTML 页面分为两个主要部分：head 和 body。

head 元素是一个表示网页头部的标记，head 元素并不放置网页的任何内容，而是放置

关于 HTML 文件的信息，如页面标题（<title></title>），提供为搜索引擎准备的关于页面本身的信息（<meta />）、加载样式表（<style></style>）等。

body 元素是 HTML 文档的主体部分，网页的内容都应该写在<body>和</body>之间，包括文本、图像、表单、音频、视频及其他内容。

四、meta 标记

meta 元素是 HTML 语言 head 区的一个辅助性标记。几乎在所有的网页里，我们都可以看到类似下面的这段代码：

```
< meta charset= "utf-8" />
```

这里的 charset 指的是字符编码。用 utf-8 对页面进行编码，并用同样的编码保存 HTML 文件已成为一种标准做法。

meta 标记位于文档的头部，不包含任何内容，是一个空元素。meta 标记的属性定义了与文档相关联的名称/值对。meta 元素可以提供有关页面的元信息（meta-information），比如针对搜索引擎和更新频度的描述和关键词。例如：

```
<meta name ="keywords" content=" education">
<meta name="description" content="This page is about the meaning of educa-
tion.">
```

在上面的代码中分别定义了页面的关键字为“education”，页面描述信息为“This page is about the meaning of education.”，属性“name”和“content”的值是一一对应的。

五、title 页面标题标记

title 元素是页面的标题，每个 HTML 文件都需要一个页面标题。每个页面的标题都应该是简短的、描述性的，并且是唯一的。页面标题写在<title>和</title>之间，并且<title>标记应包含在<head>和</head>标记之中。

例如：

```
<title>武汉软件工程职业学院</title>
```

在浏览器中，页面标题作为窗口名称显示在该窗口的标题栏中，这对浏览器的收藏功能很有用。更为重要的是，页面标题会被 Google、百度等搜索引擎采用，从而能够大致了解页面内容，并将页面标题作为搜索结果中的链接显示。

一些网页设计人员不太重视 title 元素，让 title 文字仍然保存为代码编辑器默认添加的文字（例如为“无标题文档”），而搜索引擎会将 title 作为判断页面主要内容的指标，从而造成搜索引擎无法将页面内容按照与之相关的文字进行索引。

任务三
分级标题

实例代码：

```
<!doctype html>
<html>
    <head>
        <meta charset="utf-8">
        <title>任务三</title>
    </head>
    <body>
        <h1>一级标题</h1>
        <h2>二级标题</h2>
        <h3>三级标题</h3>
        <h4>四级标题</h4>
        <h5>五级标题</h5>
        <h6>六级标题</h6>
    </body>
</html>
```

实例效果图(见图 2-3)：

图 2-3 分级标题

HTML 提供了 6 级标题用于创建页面信息的层级关系，可以使用 h1. h2. h3. h4. h5 或 h6 元素对各级标题进行标记。其中 h1 是最高级别的标题，h2 是 h1 的子标题，h3 是 h2 的子标题，依此类推。

标题是页面中最重要的 HTML 元素之一。为了理解 h1～h6 标题，可以将它们与论文、报告、新闻稿等非 HTML 文档里的标题进行类比。例如本项目的标题"项目 2　HTML 基本结构 "就是一级标题，"任务二 HTML5 页面基本结构"就是二级标题，"一、doctype 声明"就是三级标题，相当于 HTML 文档中的 h1. h2. h3。

标题的基本语法结构如下：

```
<h1>标题内容</h1>
…
<h6>标题内容</h6>
```

说明：

(1) 所有的标题都是块级标记，标题前后都会自动换行。

(2) 在默认情况下，标题标记内容以粗体显示，h1 的字号最大，h6 的字号最小，中间逐层递减。要根据内容所处的层次关系选择标题级数，而不是根据所想要的文字显示大小。可以使用 CSS 来为标题添加样式，包括字体、字号、颜色等。

(3) 在创建分级标题时，应该避免跳过某些级别，比如从 h1 直接跳到 h3。不过，允许从低级别跳到高级别的标题。

(4) 不要使用标题元素标记无法成为独立标题的子标题，它们应该由段落标记。

对于任何页面来说，分级标题都可以说是最重要的 HTML 元素，其重要性表现如下。

(1) 由于标题通常传达的是页面的主题，因此，对于搜索引擎而言，如果标题与搜索词匹配，这些标题就会被赋予很高的权重，尤其是等级最高的 h1。

(2) 对于人们来说，好的分级标题也很重要。视力良好的普通用户需要通过分级标题确定页面内容。屏幕阅读器用户也是这样，可以通过标题快速了解页面内容并去查看最感兴趣的内容，而不用把整个页面从头到尾听完。可见，标题元素对可用性和无障碍访问的作用是很大的。

总之，好的标题层级结构对于用户来说是非常重要的。

任务四 HTML5 页面构成

实例代码：

```
<!docypte html>
<html>
<head>
    <meta charset="utf-8"/>
```

```
    <title>任务四</title>
    <link rel="stylesheet" href="任务四.css" >
</head>

<body>
    <!--页面开始-->
    <div id="wrapper">
    <!--页首开始-->
    <header role="banner">
        <img src="img/xh.bmp" width="180" height="165"/>
        <h1>武汉软件工程职业学院</h1>
        <nav class="mainnav" role="navigation">
            <ul>
            <li><a href="#">首页</a></li>
            <li><a href="#">院系设置</a></li>
            <li><a href="#">教学管理</a></li>
            <li><a href="#">招生就业</a></li>
            <li><a href="#">学工在线</a></li>
            <li><a href="#">校园风采</a></li>
            <li><a href="#">教工之家</a></li>
            <li><a href="#">图书馆</a></li>
          </ul>
        </nav>
    </header>
    <!--页首结束-->

    <!--左侧正文开始-->
    <main class="content" role="main">
        <h1>武汉软件工程职业学院</h1>
        <article>
        <section>
            <h2>学校简介</h2>
            <p>武汉软件工程职业学院是武汉市人民政府主办的综合性高等职业院校，是“国家骨干高职院校立项建设单位”、“全国示范性软件职业技术学院”建设单位、高职高专人才培养工作水平评估“优秀”院校；是“国家软件技术实训基地”、教育部等六部委确定的“计算机应用与软件技术”、“汽车运用与维修”技能型紧缺人才培养培训基地、全国高职高专计算机类教育师资培训基地；是中国高职教育研究会授予的“高等职业教育国家职业资格教学改革试点院校”；省级文明单位、省级“平安校园”先进单位、湖北省职业教育先进单位。</p>
            <p>学校地处“国家自主创新示范区”—武汉市东湖高新技术开发区，即“武汉·中国光谷”腹地，环境优美，设施优良。占地面积1000余亩，建筑面积33万平方米，仪器设备总值8800余万元，教学用计算机6147台，实训(实验)室175间；图书馆馆藏图书385余万册，其中纸质图书54余万册，电子图书341余万册，学校师生可通过校园网共享清华同方、万方数据
```

```
等中文数据库。</p>
                <p>学校现开设专业52个(其中国家骨干高职院校重点建设专业4个,省级重点专业3个,省级教学改革试点专业1个,湖北省战略性新兴产业人才培养计划专业1个,“楚天技能名师”设岗专业10个),面向全国30个省市招生,全日制学生14000余人。</p>
            </section>
            <section>
                <h2>学校校训:厚德尚能</h2>
                <p>“厚德”原意为增厚美德。用以指我院坚持“以德为先”的办学理念,做到以德治校,以德治教,以德治学。重视品德修养,加强道德规范,胸怀博大,宽厚仁爱,勤奋敬业,与自然和睦相处,同社会谐调发展,做一个道德高尚的人。</p>
                <p>“尚能”意为重视能力培养,重视素质的全面提高。确立以能力为核心的质量观和以技能贡献于社会、以技能谋求自身发展的人生理念。努力提高知识应用能力、专业技术能力,同时加强继续学习能力、创新能力、创业能力等多种能力培养。开发潜能,发展个性,成为全面发展的高素质技能型专门人才。</p>
            </section>
            <section>
                <h2>校徽</h2>
                <p>一、徽标主题图案由“SOFTWARE”和“ENGINEERING”两个单词的第一个字母“S”和“E”组合而成,有强烈的立体感、空间感和想象空间,外形酷似我院建筑外观,有较强的指向性。</p>
                <p>二、徽标总体由立体“S”和“E”两个部分融会连接,象征学院地处“九省通衢”的武汉,寓意我院的教育是为武汉经济服务,同时也寓意我院发展的道路一路通畅。</p>
            </section>
            </article>
        </main>
        <!--左侧正文结束-->

        <!--右侧侧栏开始-->
        <aside class="rightside" role="complementary">
            <h3>扩展链接</h3>
            <ul>
                <li><a href="#">思政教育</a></li>
                <li><a href="#">工作简讯</a></li>
                <li><a href="#">教务管理</a></li>
                <li><a href="#">学工快讯</a></li>
            </ul>
            <h3>快速导航</h3>
            <ul>
              <li><a href="#">计算机学院</a></li>
              <li><a href="#">机械工程学院</a></li>
              <li><a href="#">电子工程学院</a></li>
              <li><a href="#">汽车工程学院</a></li>
              <li><a href="#">商学院</a></li>
```

```
                <li><a href="#">艺术与传媒学院</a></li>
                <li><a href="#">环境与生化工程学院</a></li>
                <li><a href="#">人文学院</a></li>
            </ul>
        </aside>
        <!--右侧侧栏结束-->

        <!--页脚开始-->
        <footer role="contentinfo">
            <p>Copyright 2008 武汉软件工程职业学院(版权所有)All Right Reserved</p>
        </footer>
        <!--页脚结束-->

        </div>
        <!--页面结束-->
    </body>
    </html>
```

实例效果图(见图 2-4)：

图 2-4　HTML5 页面构成

在HTML5中，为了使文档结构更加清晰、容易阅读，增加了一些与页眉、页脚、内容区块等文档结构相关联的结构元素。在上面的任务实例中，我们看到该页面有四个主要部分，即带导航的页头、显示在主体内容区域的文字、显示相关信息的侧边栏以及页脚，如图2-5所示。

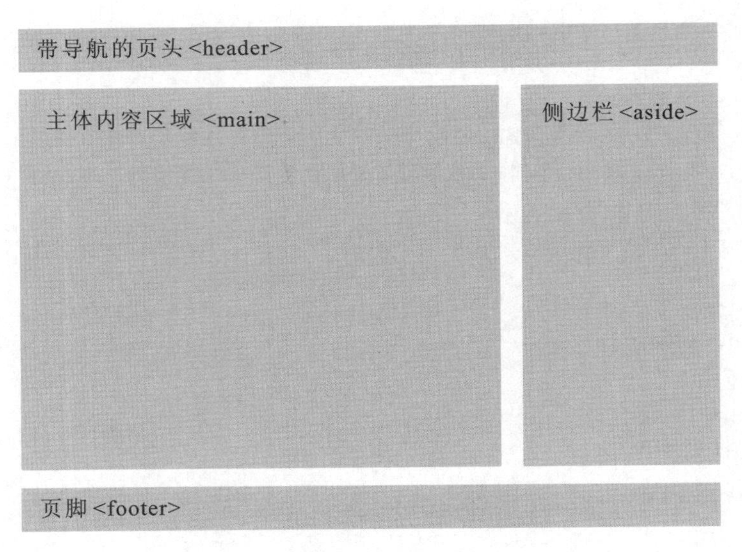

图2-5　页面主要组成部分

其代码基本结构如下：

```
<div id="wrapper">

    <header role="banner">  <!—页头-->
       …
       <nav class="mainnav" role="navigation">
          …
       </nav>
    </header>

    <main class="content" role="main">  <!—主体-->
       …
       <article>
          <section>
          …
       </article>
    </main>

    <aside class="rightside" role="complementary">  <!—侧边栏-->
       …
```

```
        </aside>

        <footer role="contentinfo">    <!—页脚-->
            …
        </footer>

    </div>
```

下面我们按照页头－＞主体－＞侧边栏－＞页脚的顺序，依次介绍各部分中定义页面结构的 HTML5 标记。

一、页眉 header 元素

header 元素是一种具有引导和导航作用的结构元素，通常用来放置整个页面或页面内一个内容区块的标题和相关介绍信息或导航信息。需要强调的是，一个网页内并未限制 header 元素的个数，不仅可以在文档开头，也可以为每个内容区块添加一个 header 元素，例如在 main、aside 等元素中，它们的含义根据上下文而有所不同。

处于页面开头或接近这个位置的 header 可以作为整个页面的页眉（即页头部分），例如本任务所示的网页，它的页眉如图 2-6 所示。

图 2-6　网页页眉

其代码如下：

```
    <header role="banner">
        <img src="xh.bmp"width="180" height="165"/>
        <h1>武汉软件工程职业学院</h1>
         <nav role="navigation">
           <ul>
              <li><a href="#">首页</a></li>
              <li><a href="#">院系设置</a></li>
              <li><a href="#">教学管理</a></li>
              <li><a href="#">招生就业</a></li>
              <li><a href="#">学工在线</a></li>
              <li><a href="#">校园风采</a></li>
              <li><a href="#">教工之家</a></li>
```

```
            <li><a href="#">图书馆</a></li>
          </ul>
        </nav>
    </header>
```

上面代码的 header 元素所标记的内容代表整个页面的页眉，它包含图像、标题及一组代表整个页面主导航的链接。可选的“role”属性并不适用于所有页眉，它指出该页眉为页面级的页眉，因此可以提高页面的可访问性。

作为页眉，header 元素通常还包括网站标志、主导航和其他网站链接，甚至搜索框或登录框，我们来看图 2-7 所示的例子。

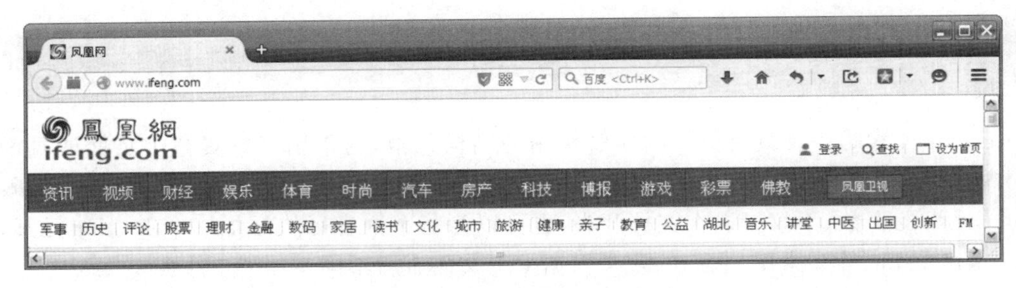

图 2-7　凤凰网页眉部分

需要注意的是，只有在必要的时候才使用 header。如果页面中只有 h1～h6，而没有其他需要与之组合在一起的内容，就没有必要用 header。另外，header 不一定要包含 nav 元素。不过在大多数情况下，如果 header 包含导航性链接就可以使用 nav。

二、导航 nav 元素

nav 元素用来构建导航，导航定义为一个页面中或一个站点内的链接。但不是链接的每一个集合都是一个 nav，只需要将主要的、基本的链接组放进 nav 元素。一个页面中可以拥有多个 nav 元素，作为页面整体或不同部分的导航。

本任务中的导航位于页面的 header 区，如图 2-8 所示。

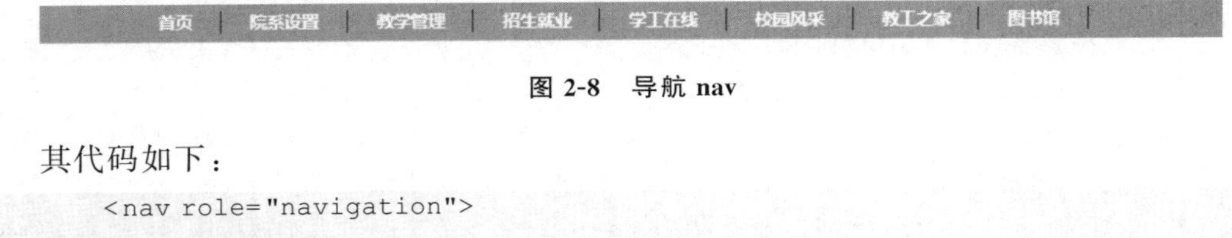

图 2-8　导航 nav

其代码如下：

```
<nav role="navigation">
    <ul>
      <li><a href="#">首页</a></li>
      <li><a href="#">院系设置</a></li>
      <li><a href="#">教学管理</a></li>
      <li><a href="#">招生就业</a></li>
```

```
<li><a href="#">学工在线</a></li>
    <li><a href="#">校园风采</a></li>
    <li><a href="#">教工之家</a></li>
    <li><a href="#">图书馆</a></li>
  </ul>
</nav>
```

nav 元素的内容可以是链接的一个列表，标记为一个无序列表或一个有序列表。nav 元素本身并不会替代 ol 或 ul 元素，只是会包围它。nav 有一个可选的“role”属性，它指出该导航为页面的导航，这可以提高页面的可访问性。

三、主要区域 main 元素

每个页面都有一个部分代表其主要内容，这样的内容可以包含在 main 元素中。main 元素在一个页面中仅能使用一次。最好在 main 开始标记中加上 role="main"，它可以帮助屏幕阅读器定位页面的主要区域。

本任务中主要内容区域如图 2-9 所示。

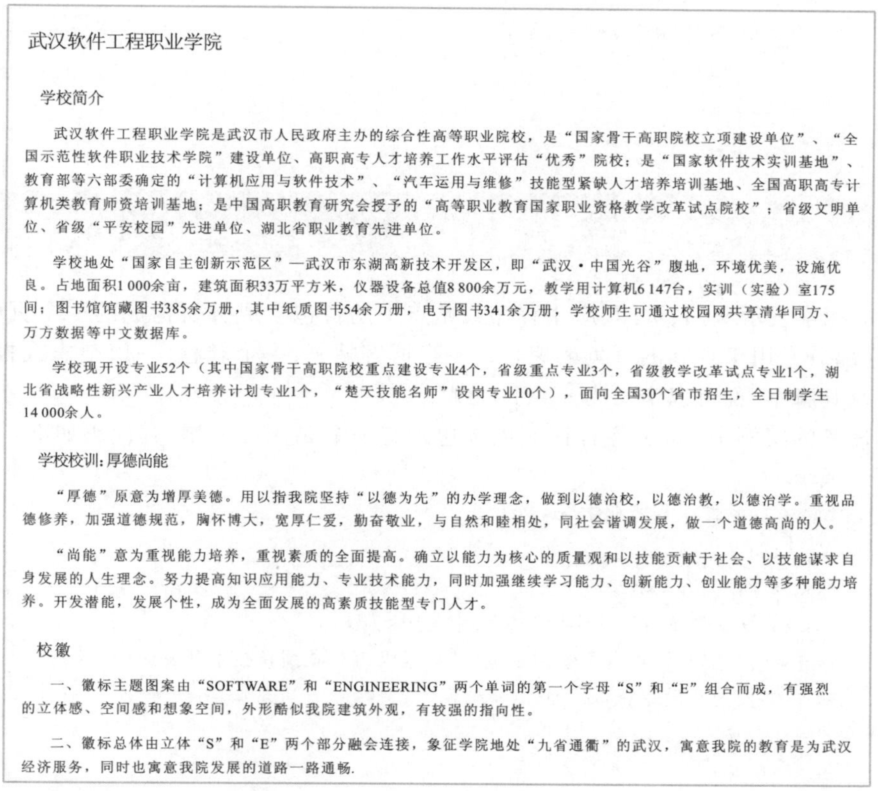

武汉软件工程职业学院

学校简介

武汉软件工程职业学院是武汉市人民政府主办的综合性高等职业院校，是“国家骨干高职院校立项建设单位”、“全国示范性软件职业技术学院”建设单位、高职高专人才培养工作水平评估“优秀”院校；是“国家软件技术实训基地”、教育部等六部委确定的“计算机应用与软件技术”、“汽车运用与维修”技能型紧缺人才培养培训基地、全国高职高专计算机类教育师资培训基地；是中国高职教育研究会授予的“高等职业教育国家职业资格教学改革试点院校”；省级文明单位、省级“平安校园”先进单位、湖北省职业教育先进单位。

学校地处“国家自主创新示范区”—武汉市东湖高新技术开发区，即“武汉·中国光谷”腹地，环境优美，设施优良。占地面积1 000余亩，建筑面积33万平方米，仪器设备总值8 800余万元，教学用计算机6 147台，实训（实验）室175间；图书馆馆藏图书385余万册，其中纸质图书54余万册，电子图书341余万册，学校师生可通过校园网共享清华同方、万方数据等中文数据库。

学校现开设专业52个（其中国家骨干高职院校重点建设专业4个，省级重点专业3个，省级教学改革试点专业1个，湖北省战略性新兴产业人才培养计划专业1个，“楚天技能名师”设岗专业10个），面向全国30个省市招生，全日制学生14 000余人。

学校校训：厚德尚能

“厚德”原意为增厚美德。用以指我院坚持“以德为先”的办学理念，做到以德治校，以德治教，以德治学。重视品德修养，加强道德规范，胸怀博大，宽厚仁爱，勤奋敬业，与自然和睦相处，同社会谐调发展，做一个道德高尚的人。

“尚能”意为重视能力培养，重视素质的全面提高。确立以能力为核心的质量观和以技能贡献于社会、以技能谋求自身发展的人生理念。努力提高知识应用能力、专业技术能力，同时加强继续学习能力、创新能力、创业能力等多种能力培养。开发潜能，发展个性，成为全面发展的高素质技能型专门人才。

校徽

一、徽标主题图案由“SOFTWARE”和“ENGINEERING”两个单词的第一个字母“S”和“E”组合而成，有强烈的立体感、空间感和想象空间，外形酷似我院建筑外观，有较强的指向性。

二、徽标总体由立体“S”和“E”两个部分融会连接，象征学院地处“九省通衢”的武汉，寓意我院的教育是为武汉经济服务，同时也寓意我院发展的道路一路通畅.

图 2-9　main 主要区域

其代码如下：

```
<main class="content" role="main">
    <article>
    <h1>武汉软件工程职业学院</h1>
    <section>
        <h2>学校简介</h2>
        <p>武汉软件工程职业学院是…</p>
        <p>学校地处…</p>
        <p>学校现开设专业…</p>
    </section>
    <section>
        <h2>学校校训:厚德尚能</h2>
        <p>“厚德”原意…</p>
        <p>“尚能” 意为…</p>
    </section>
    <section>
        <h2>校徽</h2>
        <p>一、徽标主题…</p>
        <p>二、徽标总体…</p>
    </section>
    </article>
</main>
```

四、文章 article 元素

article 元素表示文档、页面、应用程序或站点中的自包含成分所构成的一个页面的一部分，并且这部分专用于独立的分类或聚合。一个博客帖子、一个教程、一篇杂志或报纸文章、一个视频及其脚本，都可以定义为 article 元素。

在本任务的实例中，main 主体区域内部包含有一个 article 元素，其代码如下：

```
<article>
  <h1>武汉软件工程职业学院</h1>
  <section>
    <h2>学校简介</h2>
    <p>武汉软件工程职业学院是武汉市……</p>
    <p>学校地处“国家自主创新示范区”—武汉市东湖高新技术开发区……</p>
    <p>学校现开设专业 52 个……</p>
  </section>
  <section>
    <h2>学校校训:厚德尚能</h2>
    <p>“厚德”原意为增厚美德……</p>
```

```
      <p>"尚能" 意为重视能力培养……</p>
    </section>
    <section>
      <h2>校徽</h2>
      <p>一、徽标主题图案由"SOFTWARE"和"ENGINEERING"……</p>
      <p>二、徽标总体由立体"S"和"E"两个部分融会连接……</p>
    </section>
  </article>
```

除了内容部分，一个 article 元素也可以有自己的标题，有时还有自己的脚注。例如，图 2-10 所示为一篇完整的博文，是一个 article 元素，而且博文上部显示了标题、发表时间、标签等信息，这一部分信息可以用 header 元素来定义。而在博文的下面显示了阅读、转载、收藏等信息，这些信息可以用 footer 页底元素来定义，这样使整个文档结构更明确，语义更清晰。

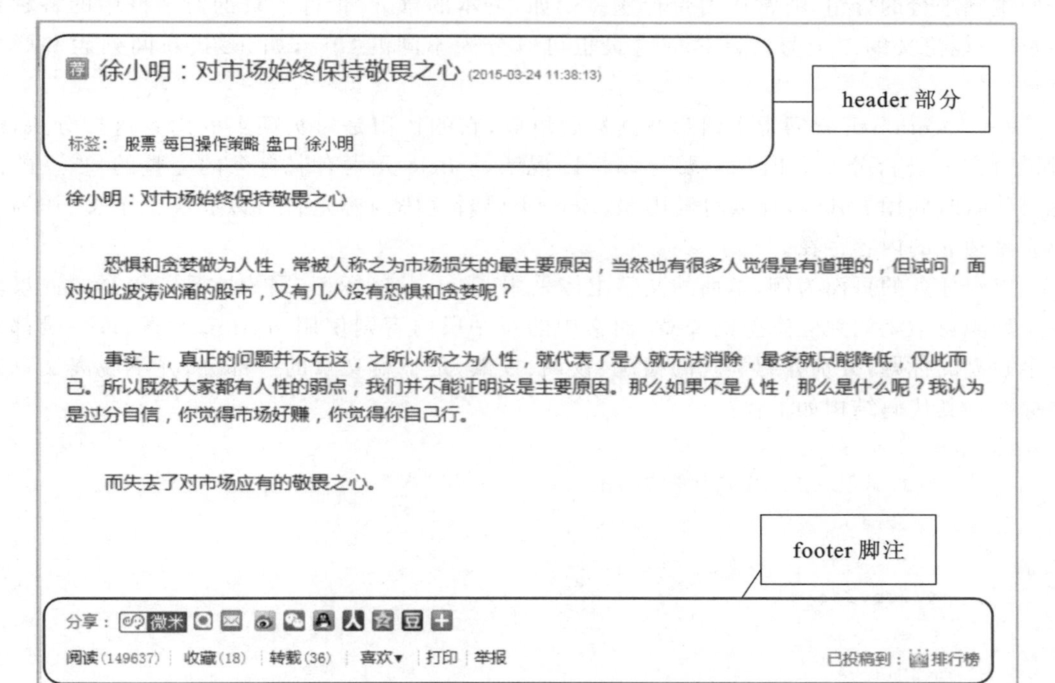

图 2-10　article 博文

其代码结构如下：

```
  <article>
    <header>
      <h1>[博文标题]</h1>
      <time>[发表时间]</time>
        ……
    </header>
```

```
    <p>[博文正文部分]</p>
    <footer>
        ……[页底脚注]……
    </footer>
</article>
```

一个页面可以有多个 article 元素,也可以没有。一个 article 元素可以包含一个或多个 section 元素,后面会介绍到。

五、区块 section 元素

section 元素代表文档或应用程序中一般性的“段”或者“节”。“段”在这里指的是对内容按照主题进行的分组,通常还附带标题。例如,书本的章节、带标签页的对话框中的各种标签页、一篇论文的编节号。网站的主页也可以分为不同的“节”,如介绍、新闻列表和联系信息。

一个 section 元素通常由内容及其标题组成,它的作用是对页面上的内容进行分块,或者说对文章进行分段。但是不要与 article 混淆,article 元素有着自己的完整的、独立的内容。什么时候用 article,什么时候用 section,主要看这段内容是否可以脱离上下文、作为一个完整独立的内容存在。

以本任务的页面为例,里面的文字主体采用<article>标记,因为这是一篇介绍武汉软件工程职业学院的独立完整的文章,而文中的每一段内容则使用 section 元素,每一段都有一个独立的标题,分别介绍学院的概况、校训、校徽,是整篇文章的一部分,并不脱离文章独立存在。其代码结构如下:

```
<article>
    <h1>武汉软件工程职业学院</h1>
    <section>
        …
    </section>
    <section>
        …
    </section>
    <section>
        …
    </section>
</article>
```

article 元素中可以放入 section 元素,反之,section 元素中也可以放入 article 元素。为了对比 article 元素和 section 元素,我们再来看两个实例。

```
<!doctype html>
<html>
```

```
    <head>
      <meta charset="utf-8" />
      <title>article与section应用实例一</title>
    </head>
    <body>
      <article>
        <h1>葡萄</h1>
        <p>葡萄(Grapes),葡萄属落叶藤本植物,…</p>
        <section>
          <h2>巨峰葡萄</h3>
          <p>巨峰葡萄…</p>
        </section>
        <section>
         <h2>马奶葡萄</h3>
         <p>又名马乳葡萄,…</p>
        </section>
     </article>
   </body>
</html>
```

效果图如图 2-11 所示。

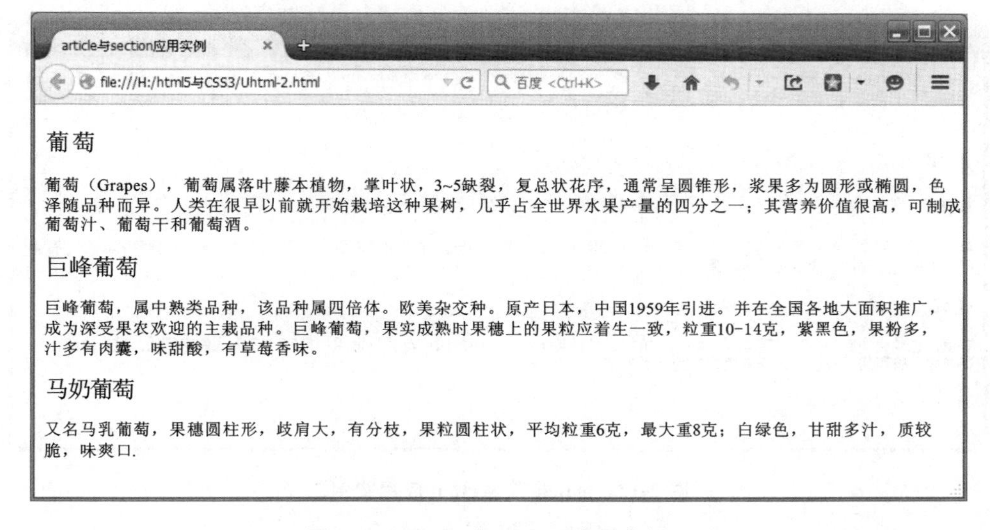

图 2-11　article 与 section 应用实例一

```
<!doctype html>
<html>
    <head>
      <meta charset="utf-8" />
      <title>article与section应用实例二</title>
```

```
    </head>

    <body>
      <section>
          <h1>水果</h1>
          <article>
            <h3>苹果</h3>
            <p>苹果,落叶乔木,叶子是椭圆形,有锯齿,花白色带有红晕。果实圆形,味道甜
或略酸,是常见水果,具有丰富营养成分,有食疗、辅助治疗功能,是世界四大水果之一。</p>
          </article>
          <article>
            <h3>香蕉</h3>
            <p>香蕉,芭蕉科(Musaceae)芭蕉属(Musa)植物,又指其果实,热带地区广泛栽
培食用,果实长有棱,果皮黄色,果肉白色,味道香甜。香蕉终年可收获,在温带地区也很受重视。
</p>
          </article>
      </section>
    </body>
</html>
```

效果图如图 2-12 所示。

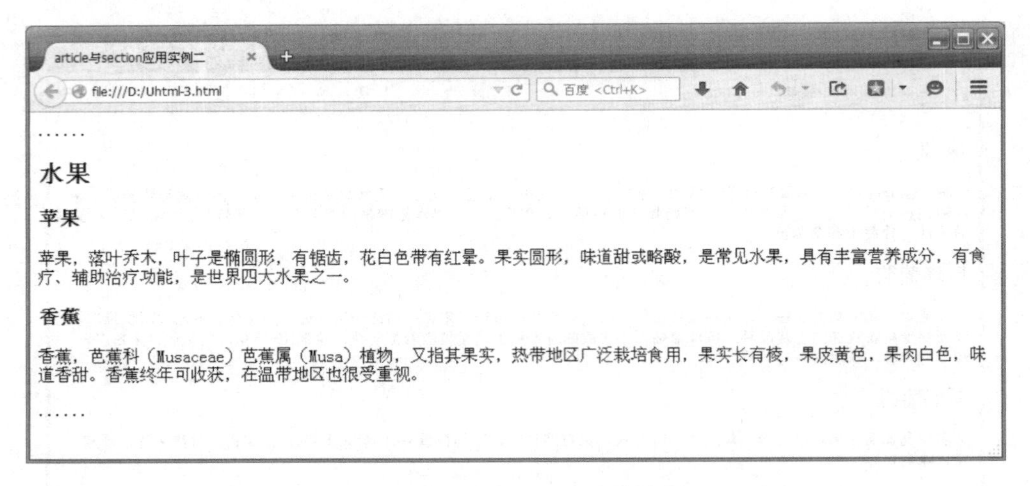

图 2-12　article 与 section 应用实例二

六、附注栏 aside 元素

有时候页面中有一部分内容与主题内容相关性没有那么强，但可以独立存在，我们可以使用 aside 元素在语义上表示出来。aside 元素可以嵌套在 main 主要区域中，也可以位于主

要区域外。

使用 aside 的例子包括重要引述、侧栏、指向文章的一组链接(通常针对新闻网站)、广告、nav 元素组(如博客的友情链接)等。例如本任务中的扩展链接部分就是使用 aside 元素实现的,其代码如下:

```
<aside>
  <h3>扩展链接</h3>
  <ul>
    <li><a href="#">思政教育</a></li>
    <li><a href="#">工作简讯</a></li>
    <li><a href="#">教务管理</a></li>
    <li><a href="#">学工快讯</a></li>
  </ul>
  <h3>快速导航</h3>
  <ul>
    <li><a href="#">计算机学院</a></li>
    <li><a href="#">机械工程学院</a></li>
    <li><a href="#">电子工程学院</a></li>
    <li><a href="#">汽车工程学院</a></li>
    <li><a href="#">商学院</a></li>
    <li><a href="#">艺术与传媒学院</a></li>
    <li><a href="#">环境与生化工程学院</a></li>
    <li><a href="#">人文学院</a></li>
  </ul>
</aside>
```

效果图如图 2-13 所示。

在图 2-14 的页面中,右侧栏的链接区使用的也是 aside 元素。

图 2-15 所示是百度百科词条“HTML5”页面下方的参考资料部分,它也是使用 aside 实现的。

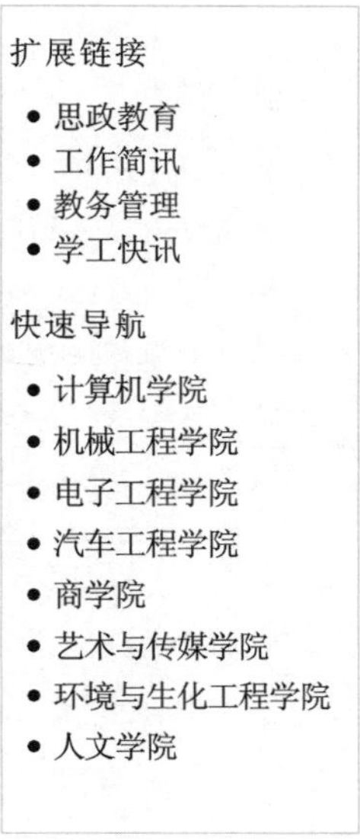

扩展链接

- 思政教育
- 工作简讯
- 教务管理
- 学工快讯

快速导航

- 计算机学院
- 机械工程学院
- 电子工程学院
- 汽车工程学院
- 商学院
- 艺术与传媒学院
- 环境与生化工程学院
- 人文学院

图 2-13 侧边栏 aside

七、页脚 footer 元素

footer 元素可以作为其父级内容区块或是一个根区块的脚注,而不仅仅是页面底部的页脚。footer 和 header 一样,可以嵌套在 article、section、aside、nav 等元素中,作为它们的注脚。当它最近的父级元素是 body 时,它就是整个页面的页脚。作为页面级页脚,footer 要添加 role="contentinfo"属性来指明,这样可以提高页面的可读性。例如本任务实例中的 footer 是整个页面的页脚,其代码如下:

图 2-14　侧边栏 aside 用法示例一

参考资料

1．^ HTML5 . World Wide Web Consortium (W3C) [引用日期2014-04-29] .

2．^ HTML5标准终于完工了 . 新浪 [引用日期2014-10-30] .

3．^ HTML5+CSS3概述 . 长沙seo [引用日期2013-09-27] .

4．^ HTML5网站开发有什么特点 . 该亚微天下 [引用日期2013-09-25] .

5．^ W3C计划2014年推出HTML5标准 . HTML5中国 [引用日期2013-11-6] .

6．^ W3C HTML5.1 工作草案发布 . w3 [引用日期2013-06-14] .

7．^ 谷歌今起开始自动将Flash广告转换为HTML5格式 . 网易财经 . 2015-02-26 [引用日期2015-02-27] .

8．^ HTML5代码的优缺点 . 21视频教程网 [引用日期2014-10-30] .

9．^ HTML5 教程 . W3Cschool 菜鸟教程 [引用日期2014-01-21] .

10．^ html5视频教程 . html5视频教程 [引用日期2013-05-8] .

图 2-15　侧边栏 aside 用法示例二

```
<footer>
  <p>Copyright 2008 武汉软件工程职业学院(版权所有)All Right Reserved</p>
</footer>
```

效果图如图 2-16 所示。

Copyright 2008 武汉软件工程职业学院(版权所有)All Right Reserved

图 2-16 页面的页脚

八、通用容器标记 div

有时需要在一段内容外围包一个容器,从而可以为其应用 CSS 样式或 JavaScript 效果。如果没有这个容器,效果就没法应用。在考虑前面所讲到的元素,如 header、main、aside 等,它们从语义上都不太合适。因此,HTML 提供了另外一个元素 div。div 是容器标记,这个标记给我们的网页设计带来了很大的方便。

在本任务的实例代码中,有一个 id 为 wrapper 的 div 元素包着所有的页面内容。页面的语义没有发生改变,但现在有了一个可以用 CSS 添加样式的通用容器。

div 元素自身没有任何默认样式,只是其包含的内容从新的一行开始,它是一个块级元素。div 可以包含任何元素内容,包括文本、图像、表格等。

九、添加 HTML 注释

可以在 HTML 文档中添加注释,表明区块开始和结束的位置。添加注释的方法如下:

```
<!--注释内容 -->
```

注释的内容并不显示在页面上,只有在查看源代码时可以看到。但是添加注释可以带给我们很大的好处。比如,注释可以提高代码的可读性,可以方便查找、比对,可以方便项目组里的其他程序员了解你的代码,而且可以方便以后对自己编写的代码的理解与修改等。在该任务的实例中就添加了多个 HTML 注释。

十、为元素添加 title 属性

可以使用 title 属性为网页上的任何元素添加提示标签。当访问者将鼠标指向加了提示标签的元素时,就会显示 title 文本。不过,它们并不只是提示标签,更重要的是加上它们之后,屏幕阅读器可以为用户朗读 title 文本。因此,使用 title 属性可以提升无障碍服务。例如下面的代码:

```
<a href="http://www.whvcse.com/" title="武汉软件工程职业学院">武汉软件工程职业学院</a>
```

当鼠标移动到超级链接文本“武汉软件工程职业学院”上时,鼠标右下角会出现提示标签“武汉软件工程职业学院”。

项目三　文　本

项目导读

文本是网页中最基础的部分，一个标准的文本页面可以起到传达信息的作用。一个优秀的网页设计应该把它的文本组织成一个有吸引力而且有效的文档，这也正是 HTML 的优点。

本章主要介绍针对不同的文本类型，应该如何选择合适的 HTML 文本元素标记。

任务一　基本文本标记一

实例代码：

```
<! doctype html>
<html>
<head>
    <meta charset="utf-8">
    <title>任务一</title>
</head>
<body>
<p>p:段落</p>
<p>small:<small>注意事项:......</small></p>
<p>strong 与 em:<strong>重要文本</strong><em>强调文本</em></p>
<p>figure:</p>
<figure>
    <figcaption>武汉软件工程职业学院</figcaption>
    <img src="xiaoyuan.jpg" alt="武汉软件工程职业学院" />
</figure>
<p>cite:<cite>《html 与 css 程序设计》</cite>
<p>blockquote:</p>
    <blockquote cite=http://www.w3school.com.cn/tags/tag_blockquote.asp>
```

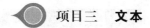

```
    blockquote起始标记和结束标记之间的所有文本都会从常规文本中分离出来,经常会在左、右两边进行缩进(增加外边距),而且有时会使用斜体。也就是说,<q>块引用拥有它们自己的空间</q>。
    </blockquote>
<p>time:会议时间<time>8:30</time><time>2015- 6- 20</time><p>
<p>abbr:<abbr title="Hyper Text Markup Language">HTML</abbr>
<p>dfn:<dfn>HTML</dfn>:超文本标记语言</p>
</body>
</html>
```

实例效果图(见图 3-1):

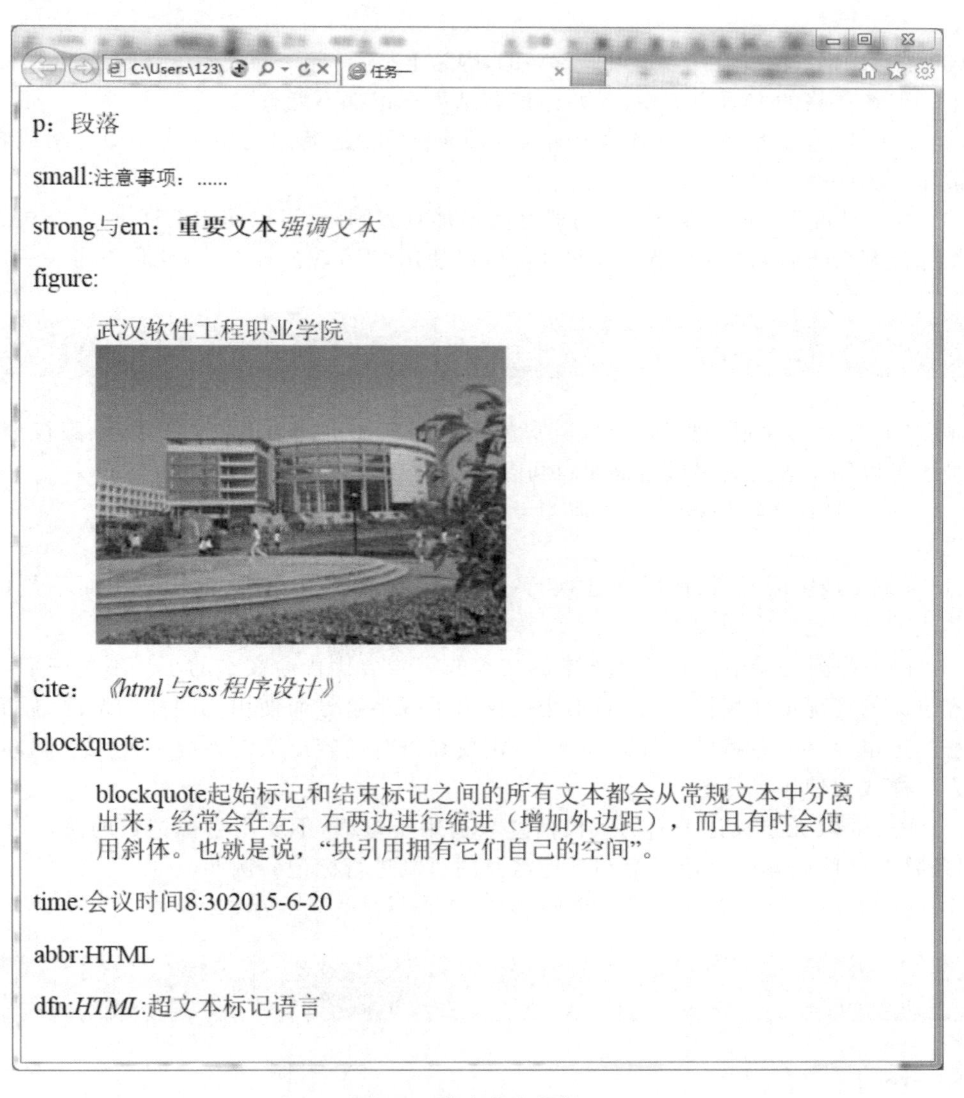

图 3-1　基本文本标记一

一、段落 p

p 元素是 HTML 的段落元素，是最常使用的 HTML 元素之一。例如：

```
<p>p:段落</p>
```

说明：

(1) p 是一个非空元素，<p>和</p>之间的内容即 p 元素标记的内容，是要显示在页面中的段落内容。后面讲到的很多元素也是非空元素，将不再一一说明。

(2) p 是一个块级元素，p 的前后都会换行。如果要开始一个新的段落，可以使用一个新的 p。

(3) 在 HTML5 中，</p>是可以省略的，因为下一个<p>的开始就意味着上一个<p>的结束。但在严格的书写规范中，起始标记和结束标记都不能省略。

(4) HTML 会忽略文本编辑器中输入的回车符和其他额外的空格。多个空格或者换行都会被压缩为一个空格。

(5) 默认情况下，浏览器会在段与段之间增加垂直间距，可以使用 CSS 改变样式。后面讲到的标记都会有各自的默认样式，并且都可以使用 CSS 改变样式，因此将不再一一说明。

二、指定细则 small

small 元素表示细则一类的旁注，通常包括免责声明、注意事项、法律限制、版权消息等，有时候还可以用来表示署名或者满足许可要求。例如：

```
<small>注意事项:......</small>
```

说明：

(1) small 是短语元素，前后不会换行。它通常是行内文本中一个小块，而不是包含多个段落或其他元素的大块文本。

(2) 在一些浏览器中，small 元素中的文本的字号会比普通文本的小。不过一定要在符合内容语义的情况下使用该元素，而不是仅仅为了减小字号而使用。同样的情况，后面讲到的一些标记也会有一些特殊的样式显示，一定要在符合内容语义的情况下使用它们，而不是仅仅为了样式而使用。

(3) 用 small 元素标记页面的版权信息只适用于短语，不要用它标记长的法律声明，如"使用条款"，这些内容应该用段落和其他需要的语义进行标记。例如：

```
<p><small>Copyright © 2009- 2015 WEIBO </small></p>
```

三、标记重要和强调的文本

1. strong

strong 元素标记内容中重要的文本。例如：

```
<strong>重要文本</strong>
```

说明：

（1）strong 是短语元素，前后不会换行。

（2）在一般浏览器中，strong 元素标记将标记内容设置为粗体。

（3）可以在标记为 strong 的短语中再嵌套 strong 文本。如果这样，作为另一个 strong 的子元素的 strong 文本的重要程度都会递增。这个规则后面讲到的 em 元素标签也适用。例如：

```
<strong>重要文本<strong>更重要的文本</strong></strong>。
```

2. em

em 元素标记内容中需要强调语气的文本。例如：

```
<em>强调文本</em>
```

说明：

（1）em 是短语元素，前后不会换行。

（2）在一般浏览器中，em 元素标记的内容默认以斜体显示。

（3）如果 em 是 strong 的子元素，文本将同时以斜体和粗体显示。例如下面的例子中“强调内容”文本以斜体和粗体显示。

```
<strong>重要文本<em>强调内容</em></strong>
```

四、创建图

网页中，图文是相伴出现的，图是由文本引述出来的。这里的图可以是图表、图形、照片或者代码等。在 HTML5 之前，没有专门实现这个目的的元素，通过引入 figure 和 figcaption 元素，改变了这种情况。例如下面的例子：

```
<figure>
    <figcaption>武汉软件工程职业学院</figcaption>
    <img src="xiaoyuan.jpg" alt="武汉软件工程职业学院" />
</figure>
```

说明：

（1）figure 元素标记是一个媒体的自合元素，通常被作为插图、图标、照片和代码列表的自合。它是一个块级标记，所标记内容会自动进行左右缩排。

（2）如果要为 figure 元素标记建立的标记组合指定标题，可以使用 figcaption 元素标记。figure 元素可以包含多个内容块，例如多个图片。但不管 figure 里有多少内容，只允许有一个 figcaption。figcaption 并不是必需的，但如果出现，就必须是 figure 的第一个或最后一个元素。

五、指明引用或参考

使用 cite 元素可以指明对某内容源的应用或参考。例如图书的标题，电影、歌曲或雕塑的名称，规范、报纸或法律文件等。例如：

```
<cite>《html 与 css 程序设计》</cite>
```

说明：

（1）cite 是短语元素，前后不会换行。

（2）在一般浏览器中，cite 元素标记的内容默认以斜体文字显示。

（3）cite 有一个可选的属性 lang，它表明 cite 所标记内容的语言。

（4）对于要从引用来源中引述内容的情况，使用后面介绍的 blockquote 或 q 元素标记引述的文本。cite 只用于参考源本身，而不是从中引述的内容。

六、引述文本

HTML 提供了以下两个特殊的元素来标记引述的文本。

- blockquote 元素：用来标记单独存在的引述文本，它默认显示在新的一行。
- q 元素：用于短的引述，如句子里的引述。

例如：

```
<p>blockquote:</p>
<blockquote cite=http://www.w3school.com.cn/tags/tag_blockquote.asp>
blockquote 起始标记和结束标记之间的所有文本都会从常规文本中分离出来，经常会在左、右两边进行缩进（增加外边距），而且有时会使用斜体。也就是说，<q>块引用拥有它们自己的空间</q> 。
</blockquote>
```

说明：

（1）根据需要，blockquote 所标记的内容可长可短。它可以包含单纯字符串，也可以包含 img 元素。blockquote 是一个块级元素，所标记内容会自动进行左、右缩排。q 是一个短语元素，一般用于行内短语的引述。

（2）blockquote 和 q 元素可以包含 cite 属性提供引述文本的来源。不过浏览器不会显示 cite 属性中的内容。

（3）q 元素有一个可选的属性 lang，它可以标明引述文本的语言。

（4）浏览器应该自动在 q 元素标记的内容周围加上特定语言的引号。不过，不同的浏览器的处理会有差异。

七、指定时间

可以使用 time 元素标记时间、日期或时间段。例如：

```
会议时间<time>8:30</time><time>2015-6-20</time>
```

说明：

（1）time 是一个短语元素，前后不会换行。

（2）time 元素标记有一个可选的属性 datetime，用来规定日期或时间，它是为机器准备的，不会出现在屏幕上。该属性要遵循特定的格式，其简化形式为：YYYY-MM-DDThh：mm：ss。YYYY 代表年，MM 代表月，DD 代表天，T 是时期和时间之间必需的分隔符，hh 代表时，mm 代表分，ss 代表秒。例如 2013-04-10T16：40：23，表示当地时间 2013 年 4 月 10 日下午 4 点 40 分 23 秒。如果要表示世界时，可以在末端加上字母 Z，例如 2013-04-10T16：40：23Z。

（3）如果 time 不包含有 datetime 属性，time 标记的文本必须是合法的日期或时间格式；如果包含了 datetime，则它可以以任何形式出现。

（4）datetime 属性不会单独产生任何效果，但它可以用于在 Web 应用（如日历）之间同步日期和时间。

八、解释缩写词

缩写词很常见，如 HTML、WWW 等。可以使用 abbr 元素标记缩写词并解释其含义。例如：

```
<abbr title="Hyper Text Markup Language">HTML</abbr>
```

说明：

（1）abbr 是一个短语元素，前后不会换行。

（2）使用可选的 title 属性提供缩写词的全称，也可以将缩写词的全称放在缩写词后面的括号里。在支持 abbr 标记的浏览器中，当访问者将鼠标放在 abbr 所标记的内容上时，title 属性值就会显示在一个提示框中。

（3）Firefox 和 Opera 浏览器会对含有 title 的 abbr 文字使用虚线下划线，可以通过 CSS 样式让其他浏览器也这样显示。IE6 或更早版本的 IE 浏览器不支持<abbr>标签，只显示文字本身，其他浏览器都支持。

（4）不必对页面中的每一个缩写词使用 abbr，只在需要帮助访问者了解该词含义的时候才使用。

九、定义术语

dfn 元素标记用来定义文档中第一次出现的术语，并不需要用它标记术语的后续使用。使用 dfn 包围要定义的术语，而不是包围定义。例如：

```
<dfn>HTML</dfn>：超文本标记语言</p>
```

说明：

（1）dfn 是一个短语元素，前后不会换行。

（2）在一般浏览器中，dfn 元素标记的默认效果是斜体显示。

（3）dfn 可以在适当的情况下包住其他的短语元素，如 abbr。例如<p><dfn><abbr title="World Wide Web">WWW</abbr></dfn>世界万维网联盟组织。</p>

(4) dfn 有一个可选的 title 属性,其值应与 dfn 术语一致。如果只在 dfn 里嵌套一个单独的 abbr,dfn 本身没有文本,那么可选的 title 属性只能出现在 abbr 里。

(5) dfn 还可以在定义列表里使用,后面会介绍到。

任务二 基本文本标记二

实例代码:

```
<! doctype html>
<html>
<head>
    <meta charset="utf-8">
    <title>任务二</title>
</head>
<body>
<p>sup 和 sub:x<sup>2</sup> H<sub>2</sub>O<p>
<p>address:<address>email:whvcse2014@126.com</address></p>
<p>ins、del、s:</p>
<p>今日水果</p>
<ul>
        <li>苹果</li>
<li><del>梨子</del></li>
        <li><ins>香蕉</ins></li>
<li><s>菠萝(售完)</s></li>
</ul>
<p>code:<code>&lt;p&gt;段落 &lt;/p&gt;</code></p>
<p>kbd:返回主菜单,请按<kbd>menu</kbd>键</p>
<p>samp:当输入完所有信息将会得到提示:<samp>注册成功</samp></p>
<p>var:<var>x</var>= 2</p>
<p>pre:</p>
<pre>
    p{
    color:red;
        }
</pre>
<p>mark:<mark>标记内容</mark></p>
<p>br:强制<br />换行</p>
```

```
<p>span:<span>行内文字区域</span></p>
</body>
</html>
```

实例效果图(见图 3-2)：

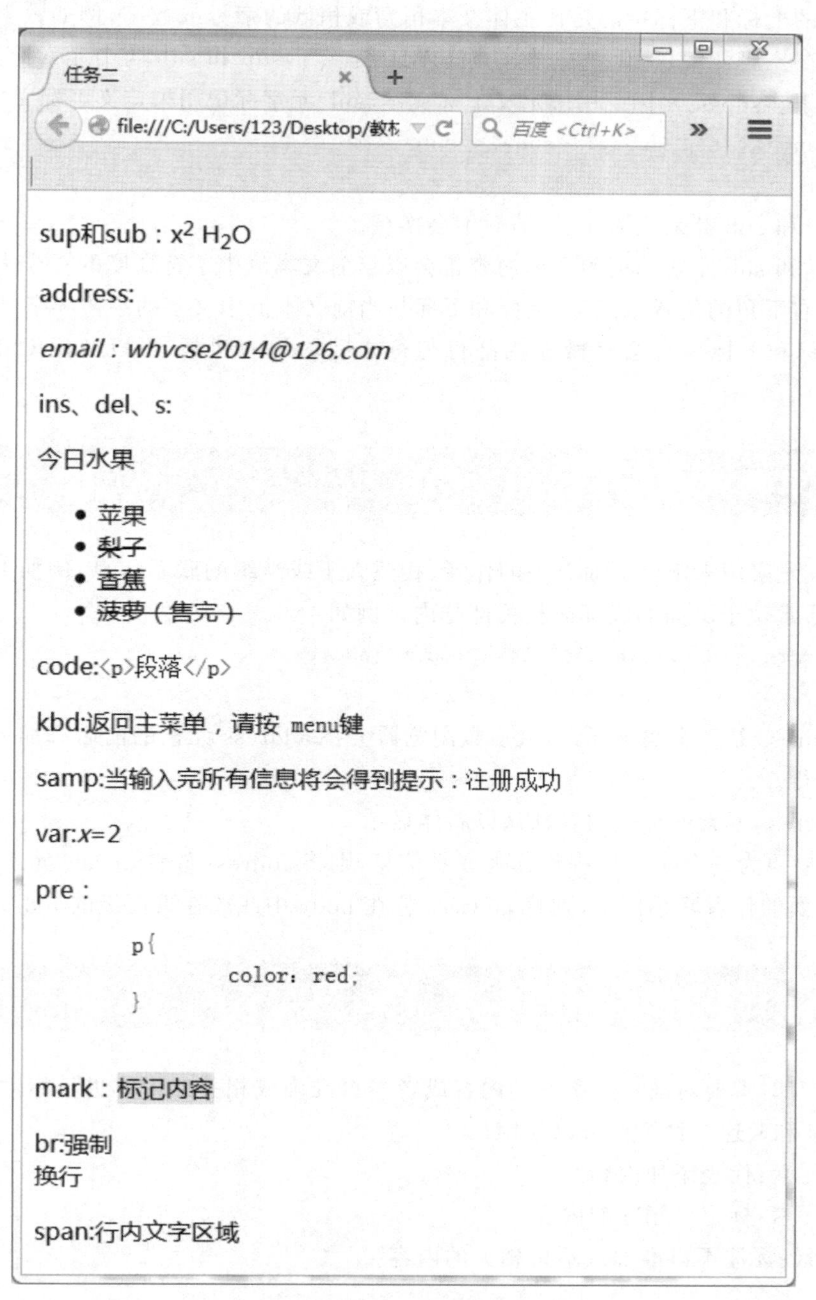

图 3-2　基本文本标记二

一、上标和下标

文本中的上标和下标指的是比主体文本稍高或稍低的字母或数字，例如数学中的平方、指数、商标符号、脚注编号、化学符号等。HTML 提供了 sup 和 sub 两个元素标记来定义这两种文本元素。sup 元素标记用来定义上标文本，sub 元素标记用来定义下标文本。例如：

```
x<sup>2</sup> H<sub>2</sub>O<p>
```

说明：

（1）sup 和 sub 都是短语元素，前后不会换行。

（2）sup 和 sub 元素标记的文本内容将会以当前文本流中字符高度的一半来显示，放置在右上角或右下角的位置。但是，上标和下标与当前文本流中文字的字体和字号是一样的。

（3）上标和下标字符会轻微地扰乱行与行之间均匀的间距，可以使用 CSS 解决这个问题。

二、作者联系信息

address 元素用来定义页面有关的作者、相关人士或组织的联系信息，例如 E-mail、电话及住址等，通常位于页面的底部或相关部分内。例如：

```
<address>email:whvcse2014@126.com</address>
```

说明：

（1）address 是一个块级元素，大多数浏览器会在 address 元素的前后添加一个换行符，自动进行换行。

（2）address 元素的标记内容默认以斜体显示。

（3）如果要为一个 article 提供作者联系信息，则将 address 放在 article 元素内。如果要提供整个页面的作者联系信息，则将 address 放在 body 中或放在页面级的 footer 里。

三、标注编辑和不再准确的元素

页面中有时需要对前一个版本的内容或者不再准确或相关的内容进行标注，HTML 提供了 ins、del 和 s 这三种标记可以使用。

- ins 元素：代表添加内容。
- del 元素：标记已删除的内容。
- s 元素：标注不再准确或不再相关的内容。

例如：

```
<p>今日水果</p>
<ul>
    <li>苹果</li>
<li><del>梨子</del></li>
    <li><ins>香蕉</ins></li>
<li><s>菠萝(售完)</s></li>
</ul>
```

说明：

(1) 浏览器通常对已删除的文本加删除线，对插入的文本加下划线，对不再相关或不再准确的内容加删除线。

(2) del 和 ins 元素是少有的既可以包围短语内容又可以包围块级内容的元素，而 s 元素只能包围短语内容。

(3) del 和 ins 元素都支持两个属性：cite 和 datetime。cite 属性提供一个 URL，指向说明编辑原因的页面。datetime 属性提供编辑的时间。浏览器不会将这两个属性的值显示出来。

四、标记代码

1. code 元素

code 元素标记定义计算机代码文本，用于表示计算机源代码或者其他机器可以阅读的文本内容。例如：

```
<code>&lt;p&gt;段落 &lt;/p&gt;</code>
```

说明：

(1) code 是短语元素，前后不会换行。

(2) 在一般浏览器中，code 元素标记将标记内容以等宽字体显示。

(3) 如果 code 所标记的内容中包含“＜”或者“＞”，应分别使用“<”和“>”。

2. 其他计算机相关元素

其他计算机相关元素还有 kbd、samp 和 var 元素，这几个标记极少使用，它们和 code 一样都是短语元素。下面对它们进行简单说明。

1) kbd 元素

kbd 元素标记用来定义键盘文本，它表示文本是从键盘上键入的。它经常用在与计算机相关的文档或手册中。和 code 一样，标记内容以等宽字体显示。例如：

```
返回主菜单，请按<kbd>menu</kbd>键
```

2) samp 元素

samp 元素标记用来指示程序或系统的示例输出。其标记内容也默认以等宽字体显示。例如：

当输入完所有信息将会得到提示:<samp>注册成功</samp>

3) var 元素

var 元素标记用来标示文件中的变量或占位符的值。其标记内容默认以斜体显示。例如:

```
<var>x</var>= 2
```

五、预格式化文本

通常,浏览器会将所有回车和空格压缩为一个空格,并根据窗口的大小自动换行。预格式化文本 pre 元素标记可以保持所标记的文本固有的换行和回车。pre 元素标记的一个常见应用就是用来表示计算机的源代码。例如:

```
<pre>
    p{
    color:red;
        }
</pre>
```

说明:

(1) 同段落一样,pre 是一个块级元素,默认从新一行开始显示。

(2) pre 所标记的文本会以等宽字体呈现。

(3) pre 元素标记中如果含有特殊符号,就必须通过"文字参照"的方法来书写。例如"<"">""&",就应写成"<"">""&"。

(4) 浏览器通常会对 pre 里面的内容关闭自动换行。因此,如果这些内容很宽,就会影响页面的布局,或产生横向滚动条。

六、突出显示文本

mark 元素标记带有记号的文本,类似荧光笔的效果。例如:

```
<mark>标记内容</mark>
```

说明:

(1) mark 是短语元素,前后不会换行。

(2) 支持 mark 的浏览器将对标记的文字内容默认加上黄色背景,以高亮显示,突出需要重要显示的文字内容。但旧的浏览器不会,可以通过 CSS 样式实现。

(3) mark 元素与 em 或 strong 元素具有不同的含义。mark 标记一般用于下列情况:搜索结果关键词、引述文字、需要引起注意的代码等。

七、br 元素

浏览器会根据内容的块或窗口的宽度让文本自动换行，但有时候我们需要在文字的行与行之间进行强制换行，br 标记可以实现这一点。例如：

```
强制<br />换行
```

说明：

(1) br 元素是空元素，没有结束标记。在 HTML 中，输入
或
都是有效的。

(2) br 元素标记可以产生分段的效果，但在两段文字间不会加入空白行。

(3) br 元素标记将表现样式带入了 HTML，但是不要使用 br 模拟段落之间的距离，应该使用后面学习到的 CSS 样式表控制段落的行间距和段落之间的距离。

(4) 如果浏览器中单行文字的宽度过长，浏览器会自动将该文字换行显示，如果希望强制浏览器不换行显示，可以使用相应的标记<nobr>。

八、span 元素

span 元素用来标记文档中的字词内容或短语内容。例如：

```
<p>span:<span>行内文字区域</span></p>
```

说明：

(1) 同 div 一样，span 元素没有任何语义。

(2) 和 div 不同的是，span 只适合包围字词或短语内容，而 div 适合包含块级内容。span 是一个短语元素，不会引起换行，也没有任何默认样式。

任务三 其他文本元素

实例代码：

```
<!doctype html>
<html>
<head>
    <meta charset="utf-8">
    <title>任务三</title>
```

```
</head>
<body>
<p>u:<u>武汉</u>是湖北省省会</p>
<p>wbr:这是一个很长的文字...这里需要换行<wbr />换行后的内容</p>
<p>ruby:</p>
<ruby>漢
<rt>
<rp>*</rp>
厂ㄢˋ
<rp>*</rp>
</rt>
</ruby>
<p>bdo:<bdo dir="rtl">从右到左的文本</bdo></p>
<p>bdi:</p>
<ul>
<li>Username
<bdi>Tom</bdi>
:80 points</li>
<li>Username
<bdi>الهاكب</bdi>
:80 points</li>
</ul>
<p>meter:<meter min="0" max="100" value="50" title="score">50</meter></p>
<p>meter:<meter low="0.25" high="0.75" optimum="0" value="0.2">20% worn</
meter></p>
<p>文件保存进度:<progress max="100" value="30">30% </progress></p>
</body>
</html>
```

实例效果图如图 3-3 和图 3-4 所示。

HTML 中有一些文本元素使用得非常少，或者有些浏览器对它们的支持还不完善，下面就来介绍几个这样的文本元素。

一、u 元素

u 元素用来为一块文字添加明显的非文本注解，比如在中文中将文本标明为专有名词（用于表示人名、地名、朝代名等），或标明文本拼写有误。

例如：

```
<p><u>武汉</u>是湖北省省会</p>
```

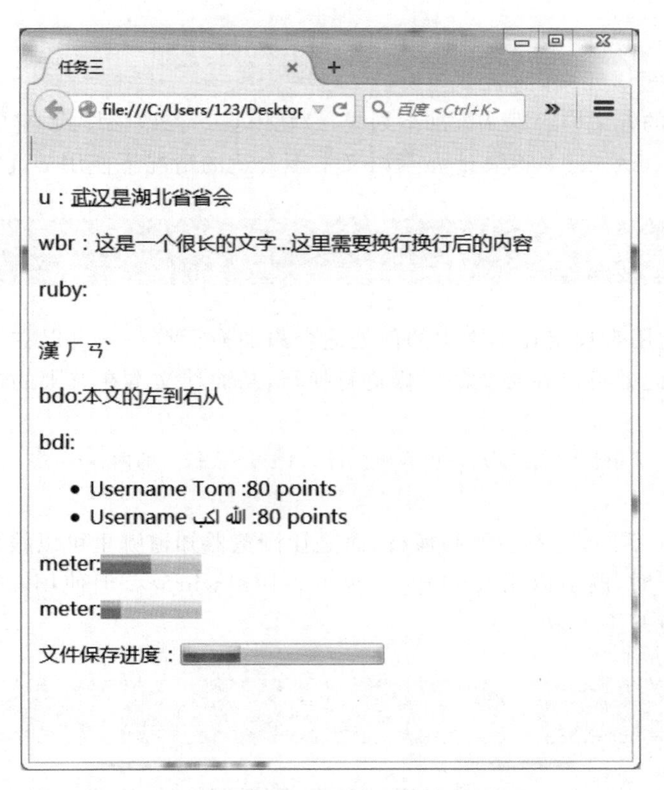

图 3-3　其他文本元素(Firefox 浏览器)

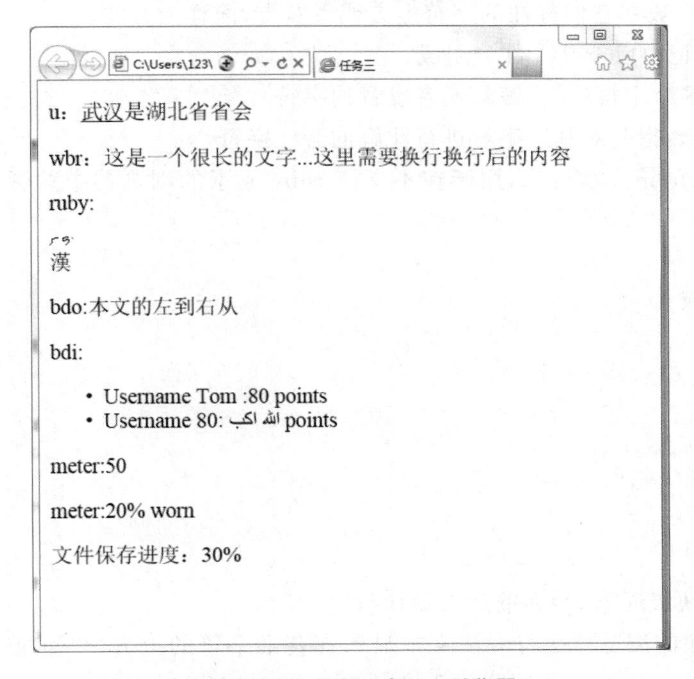

图 3-4　其他文本元素(IE 浏览器)

说明：

(1) u 元素是短语元素，前后不会换行。

(2) u 元素中的标记内容默认添加下划线，最好用 CSS 修改该样式，避免和链接文本混淆。

(3) 仅在 cite、em、mark 等其他元素语义上不合适的情况下使用 u 元素。

二、wbr 元素

wbr 元素标记用来规定在本文中的何处适合添加换行符。它可以在一个较长的无间断短语中使用，表示此处可以在必要的时候进行换行，从而让文本在有限的空间内更具有可读性。例如：

```
<p>这是一个很长的文字...这里需要换行<wbr />换行后的内容</p>
```

说明：

(1) wbr 和 br 不同，它不会强制换行，而是让浏览器知道哪里可以根据需要进行换行。

(2) 输入 wbr 时，既可以用＜wbr/＞，也可以用＜wbr＞。但使用 wbr 的机会并不多，浏览器对它的支持并不一致。

三、ruby、rp 和 rt 元素

旁注标记是东亚语言(如中文和日文)中的一种惯用符号，通常用于表示生僻字的发音。这些小注解字符一般在它们标注的字符上方或者右方，简称为旁注。

ruby 元素标记由以下几个部分组成。

(1) 一个或多个字符(需要解释或者发音的字符)。

(2) 子元素 rt：指明对基准字符进行注解的旁注字符。

(3) 子元素 rp：该元素可选，用于在不支持 ruby 元素的浏览器中的旁注文本周围显示的内容。

例如：

```
<ruby>漢
<rt>
<rp>*</rp>
ㄏㄢˋ
<rp>*</rp>
</rt>
</ruby>
```

说明：

(1) ruby 是块级元素，会在前后自动换行。

(2) 支持旁注的浏览器会将旁注文本显示在基准字符的上方(也可能在旁边)，并以小字号显示。不支持旁注标记的浏览器会将旁注文本以普通文本显示。

四、bdo 和 bdi 元素

如果 HTML 页面中混合了从左到右书写的字符（如大多数语言所用的拉丁字符）和从右到左书写的字符（如阿拉伯语或希伯来语字符），就需要用到 bdo 和 bdi 元素标记。

1. bdo 元素

要使用 bdo 元素，必须包含 dir 属性将属性值设为 ltr（从左到右）或 rtl（从右到左），从而来指定文本的方向。例如：

```
<bdo dir="rtl">从右到左的文本</bdo>
```

2. bdi 元素

bdi 元素标记用于文本内容的方向未知的情况，不必包含 dir 属性，默认为 auto（自动判断）。例如：

```
<ul>
    <li>Username
        <bdi>Tom</bdi>
        :80 points</li>
    <li>Username
        <bdi>الهاكب</bdi>
        :80 points</li>
</ul>
```

在上面的代码中，bdi 所标记的内容分别为英语和阿拉伯语，其后的文本内容显示的位置是相反的。

说明：

bdo 和 bdi 元素都是短语元素。

五、meter 元素

meter 元素标记用来表示分数的值或者已知范围的测量结果。

例如：

```
<meter min="0" max="100" value="50" title="score">50</meter>
<meter low="0.25" high="0.75" optimum="0" value="0.2">20%  worn</meter>
```

说明：

(1) meter 是短语元素，前后不会换行。

(2) meter 支持好几个属性。其中 value 是唯一必须包含的属性，它表示要显示的值。min 和 max 是取值的范围，如果不指定 min 和 max，则默认它们分别为 0 和 1.0。low、high、optimum 属性通常共同作用，它们将范围划分为低、中、高三个区间。

(3) 支持 meter 元素的浏览器会自动显示测量值，以一个横条呈现，并根据属性值进行着色。meter 元素的标记内容不会显示出来。但大多数浏览器不支持 meter，它们会将标签内容显示出来。

（4）meter 不提供定义好的单位，但可以使用 title 属性指定单位。通常，浏览器会以提示框的形式显示 title 文本。

（5）meter 不用于标记没有范围的普通测量值，如高度、宽度、距离、周长等。

六、progress 元素

progress 元素标记用来表示任务的完成度。

例如：

```
<p>文件保存进度:<progress max="100" value="30">30% </progress></p>
```

说明：

（1）progress 是短语元素，前后不会换行。

（2）和 meter 一样，progress 元素也不是所有浏览器都支持。支持 progress 的浏览器会根据属性值自动显示一个进度条，并根据值对其进行着色。<progress></progress>之间的文本不会显示出来。不支持的浏览器只会显示元素里面的文本内容。

（3）progress 元素有三个可选属性：max、value 和 form。max 指定任务的总工作量，其值必须大于 0；value 指定任务已经完成的量；如果 progress 没有嵌套在一个 form 元素里，又需要将它们联系起来，可以添加 form 属性并将其值设为该 form 的 id 值。

任务四 转义字符

实例代码：

```
<! doctype html>
<html>
<head>
    <meta charset="utf-8">
    <title>任务四</title>
</head>
<body>
    <h1>转义字符</h1>
<p>段落元素的基本格式是:&lt;p&gt;段落内容 &lt;/p&gt;</p>
<p>扑克牌:&spades;&clubs;&hearts;&diams; </p>
</body>
</html>
```

实例效果图如图 3-5 所示。

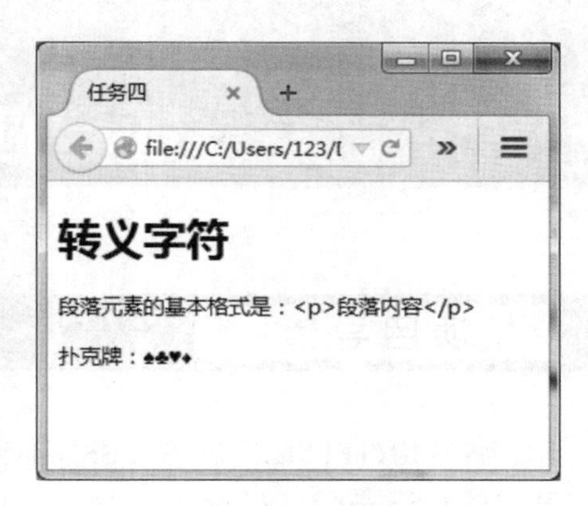

图 3-5　转义字符

转义字符也称字符实体。在 HTML 中，定义转义字符的原因有两个。

（1）一些字符在 HTML 中拥有特殊的含义，像“<”和“>”这类符号已经用来表示 HTML 标记，因此就不能直接当作文本中的符号来使用。比如，要在 HTML 文档中显示小于号，我们需要写“<”或者“<”。前者是实体名称，后者是实体编号。

（2）有些字符在 ASCII 字符集中没有定义，因此需要使用转义字符来表示。

当解释程序遇到转义字符时就把它解释为真实的字符。

注意

在输入转义字符实体时，要严格遵守字母大小写的规则。

空格是 HTML 中最普通的字符实体。如果要在文本中添加空格，就要使用“ ”，一个“ ”代表一个空格。

HTML 中最常用的字符实体和其他常用的字符实体参看表 3-1 和表 3-2。

表 3-1　HTML 中最常用的字符实体

显示结果	描　述	实体名称	实体编号
	空格		
<	小于号	<	<
>	大于号	>	>
&	和号	&	&
"	引号	"	"
'	撇号	'	'

表 3-2　HTML 中其他常用的字符实体

显示结果	描　述	实体名称	实体编号
¢	分	¢	¢
£	镑	£	£
¥	日元	¥	¥
§	节	§	§
©	版权	©	©
®	注册商标	®	®
×	乘号	×	×
÷	除号	÷	÷

项目四 CSS样式

项目导读

将结构（HTML）、表现（CSS）和行为（JavaScript）分离，是当今流行的网页设计理念，这其中的CSS是cascading style sheet的缩写，即层叠样式表。CSS主要用于网页风格设计，包括大小、颜色、边框以及元素的精确定位等。HTML5规范推荐把页面外观交给CSS去控制，而HTML标记则负责语义部分。本项目主要介绍样式表文件的使用方式、CSS构造样式的规则以及样式选择器的类型。

任务一 CSS基本概念

一、CSS简介

CSS其实是一种描述性的文本，用于增强或者控制网页的样式，并允许将样式信息与网页内容分离。用于存放CSS样式的文件扩展名为.css。

最初，HTML标记被设计为定义文档结构的功能，通过使用像h1.p、table、img之类的标记，分别在浏览器中展示一个标题、一个段落、一个表格、一个图片等内容。HTML只是标识页面结构的标记语言。而Web发展初期的两大浏览器厂商Netscape和Internet Explorer为了表示更加丰富的页面效果，争夺Web浏览器市场，不断地添加新的标记和属性到HTML规范中，这使得原本结构比较清晰的HTML文档变得非常混乱。而且，随着Web页面效果的要求越来越多样化，依赖HTML的页面表现已经不能满足网页开发者的需求。

CSS的出现，改变了传统HTML页面的样式效果。CSS规范代表了Web发展史上的一个独特的阶段。

二、CSS的历史

CSS的发展是伴随着HTML的发展而发展的。从20世纪90年代初HTML被发明开始，样式表就以各种形式出现了。

1994年哈坤提出了CSS的最初建议。虽然当时已经有过一些样式表语言的建议了，但CSS是第一个含有“层叠”意义的。在CSS中，一个文件的样式可以从其他的样式表中继承下来，即“层叠”其他的样式。这种层叠的方式使作者和读者都可以灵活地加入自己的设计，混合各人的爱好。

哈坤于1994年在芝加哥的一次会议上第一次展示了CSS的建议，成为此项目的主要技术负责人。

1996年年底，CSS已经完成。同年12月CSS发布了第一个版本的规范CSS1。

1998年5月发布第二个版本的规范CSS2。

2004年发布CSS2.1，这是CSS2的修订版。

近些年间CSS可以说基本上没有什么很大的变化，一直到2010年，终于推出了一个全新的版本——CSS3。CSS3采用模块化的开发方案，每个模块都能独立地实现和发布，这也为未来的CSS扩展奠定了基础。

三、CSS3能做什么

在CSS3中，并没有采用总体结构，而是采用了分工协作的模块化结构。那么，为什么要分成这么多模块来进行管理呢？这是为了避免产生浏览器对于某个模块支持不完全的情况。如果只有一个总体结构，这个总体结构会过于庞大，在对其支持的时候很容易造成支持不完全的情况。如果把总体结构分成几个模块，各浏览器可以选择对于哪个模块进行支持，对哪个模块不进行支持，支持的时候也可以集中把某一个模块全部支持完了再支持另一个模块，以减少支持不完全的可能性。

这对于界面设计来说，无疑是一件非常可喜的事情。在界面设计中，最重要的就是创造性，如果能够使用CSS3中新增的各种各样的属性，就能够在页面中增加许多CSS2中没有办法解决的样式，摆脱现在界面设计中存在的许多束缚，从而使整个网站或Web应用程序的界面设计进入一个新的台阶。

任务二 构造样式规则

实例代码：

```
<! doctype html>
<html>
<head>
```

```
        <meta charset="utf-8">
        <title>任务二</title>
        <style type="text/css">
        /*设置所有一级标题红色,大小为 40px,水平居中*/
        h1{
            color:red;
            text-align:center;
            font-size:40px;
        }
        </style>
    </head>
    <body>
        <h1>一级标题</h1>
    </body>
    </html>
```

实例效果图(见图 4-1):

图 4-1　构造样式规则

一、CSS 样式规则

样式表中的每条规则都有两个主要部分:选择器和声明块。选择器决定哪些元素受到影响,声明块由一个或多个属性/值组成,它们指定应该做什么,如图 4-2 所示。

声明块内的每条声明都是一个由冒号隔开、以分号结尾的属性/值。声明块以前花括号开始,以后花括号结束。

说明：

(1) 每一条声明的顺序并不重要，除非对相同的属性定义了两次。在这个例子中，color：red 也可以放在 text-align：center 后面，效果是一样的。例如：

```
h1 {
        text-align: center;
        color: red;
}
```

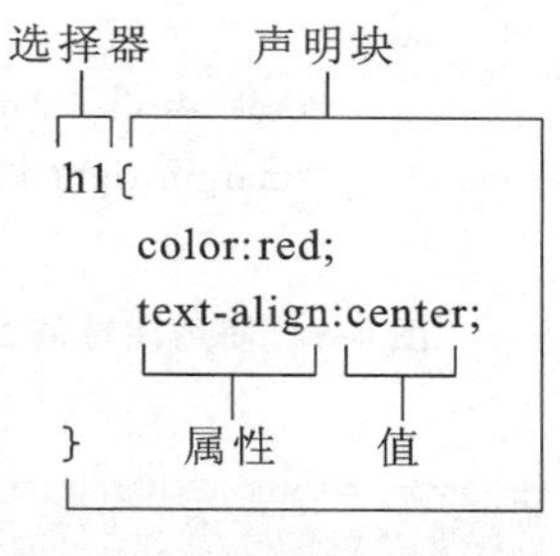

图 4-2 选择器和声明块

这里定义的规则和图 4-2 中的规则是没有差别的。

(2) 在样式规则中可以添加额外的空格、制表符或回车，这些符号对代码没有任何影响，它们的目的是提高样式表的可读性。本例中的格式是最常见的一种格式。

(3) 每组属性/值都应该使用一个分号与下一组属性/值分开，但列表中最后一对后面的分号可以省略，不过推荐书写这个分号。

二、为样式规则添加注释

在 CSS 中添加注释，这样就可以标注样式表的主要区域，或者对某条规则或声明进行说明。注释不仅对代码编写者有用，对阅读代码的其他人也有好处。

在样式表中，注释以/＊开头，以＊/结束，中间可输入注释部分，例如：

```
/*这是一段注释。
它可以只有一行，也可以跨越多行。
CSS 注释不会同网站 HTML 内容一起显示在浏览器中。*/
```

说明：

(1) 注释可长可短，但它们通常较短，注释可以包含回车，因此可以跨越多行。但是不能将注释放在另一个注释里。

可以将注释放在单独的行上，也可以放在声明块里，如图 4-3 所示。

(2) 在设计网页时，样式表会很长，因此，对样式表进行组织对于保持 CSS 易于维护是至关重要的。通常，将相关的规则放在一起，形成分组，并在每组前面放置一段描述性的注释，如图 4-4 所示。对样式表中的主要区域添加注释，就可以使样式表井然有序。

```
/*在不同版本浏览器中添加圆角矩形样式*/
.box{
    -webkit-border-radius:12px;/*Safari3-4*/
    -moz-border-radius:12px; /*Firefox3.6及以下*/
    border-radius:12px; /*最新浏览器*/
}
```

图 4-3 可以在单独行上或声明块里添加注释

```
/* GLOBAL NAVIGATION (全站导航) */
……全站导航的样式规则……

/* MAIN CONTENT (主体内容) */
……主体内容的样式规则……

/* SIGN-UP FORM (注册表单) */
……注册表单的样式规则……

/* PAGE FOOTER (页脚) */
……页脚的样式规则……
```

图 4-4 对样式表中的主要区域添加注释

```
img{
    border:4px solid red;
    /*margin-right:12px;*/
}
```

图 4-5　使用注释调试 CSS

（3）注释也是很有用的调试方法。将认为可能引起问题的地方“注释掉”，由于被注释的部分不会在浏览器中显示出来，可以在浏览器中刷新页面，看看少了被注释的部分，问题是否解决了，如图 4-5 所示。这是非常常见的调试方式。

三、属性值

每个 CSS 属性对于它可以接受哪些值都有不同的规定。有的属性只能接受预定义的值。有的属性接受数字、整数、相对值、百分数、URL 或者颜色。有的属性可以接受多种类型的值。下面是对几种属性值的分类。

1. inherit

对于任何属性，如果希望显示地指出该属性的值与对应元素的父元素对该属性设定的值相同，就可以使用 inherit 值。例如：

```
p{border:inherit;}
```

这条规则可以让段落获得与父元素相同的边框样式。

2. 预定义的值

大多数 CSS 属性都有一些可供使用的预定义值。例如，float 属性被设为 left、right 或 none。与 HTML 中属性值的书写方式不同，在 CSS 中，不需要也不能将预定义的值放在引号里，如图 4-6 所示。

3. 长度和百分数

很多 CSS 属性的值是长度。所有长度都必须包含数字和单位，并且它们之间没有空格，例如 2em、12px（见图 4-7）。唯一的例外是 0，它可以带单位也可以不带。

图 4-6　CSS 属性预定义的值　　　图 4-7　长度必须指出单位

长度单位主要有以下几种。

（1）em、ex。有的长度是相对于其他值的。一个 em 的长度大约与对应元素的字号相等，因此 2em 表示“字号的两倍”。当 em 用于设置元素的 font-size 属性本身时，它的值继承自对应元素的父元素的字号。ex 应与字体的 x 字母高相等，也就是与这种字体中字母 x 的高度相等。不过，浏览器对 ex 的支持不是太好，因此很少会用到它。

（2）px。px（像素）并不是相对于其他样式规则的。例如，以 px 为单位的值不会像以 em 为单位的值那样受 font-size 设置的影响。但是不同设备上一个像素的大小不一定完全相等。

（3）pt。还有一些无须说明的绝对单位，如磅（pt），应该在为打印准备的样式表中保留这个单位。一般来说，应该只在输出尺寸已知的情况下使用绝对长度。

(4) %。百分数(如 50%)的工作方式很像 em,它们都是相对于其他值的值,百分数通常是相对于父元素的。在图 4-8 的例子中,字号被设为父元素字号的 80%。

在上述单位中,较常使用的是 em、px 和%。

4. 纯数字

只有极少数的 CSS 属性接受不带单位的数字。其中最常见的就是 Line-height(行高)和 z-index(元素的堆叠顺序),如图 4-9 所示。

不要将数字和长度弄混,数字没有单位。在这个例子(见图 4-9)中,行高将由数字 1.5 与字号大小相乘得到。

5. URL

有的 CSS 属性允许开发人员指定另一个文件的 URL(尤其是图像)。在这种情况下,使用 URL(文件的路径和文件名)的方式,如图 4-10 所示。

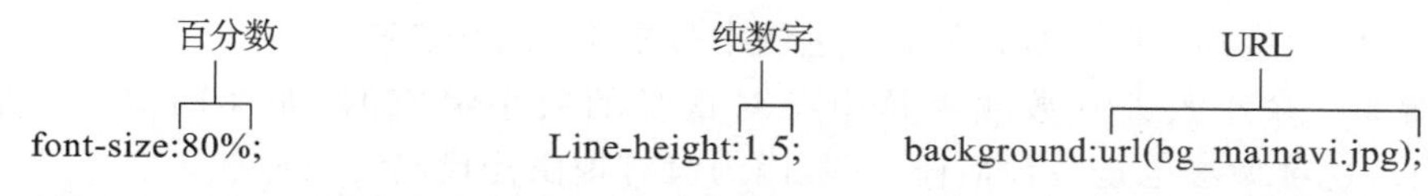

图 4-8　百分数通常是相对于父元素的　　图 4-9　设置行高　　图 4-10　设置背景图片的 URL

URL 中的相对路径应该是相对于样式表的位置,而不是相对于 HTML 文档的位置。可以在文件名上加上引号,但这不是必需的。此外,在 url 和前括号之间不应该有空格。括号和地址之间允许有空格,但通常不这样做。

6. CSS 颜色

有多种方法为 CSS 属性指定颜色,最容易的可以使用预定义的颜色关键词作为颜色值。CSS3 指定了老版本中的 16 个基本的名称,如图 4-11 所示。

此外,CSS3 又增加 135 个名称,从而组成了 151 种 SVG 1.0 颜色关键词。完整的列表见 http://www.w3.org/TR/SVG/types.html#ColorKeywords。

可以使用 Adobe Dreamweaver 中的工具进行取色。在实践中,常见的定义 CSS 颜色的方法是使用十六进制数格式或 RGB 格式。后面将讲到,还可以使用 HSL 格式指定颜色,使用 RGBA 和 HSLA 指定颜色的透明度,这些都是 CSS3 中新增的方式。

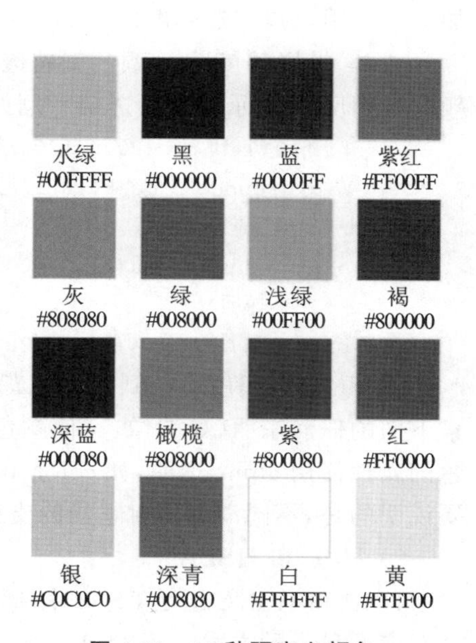

图 4-11　16 种预定义颜色

7. RGB 格式的颜色

可以通过指定红、绿、蓝的量来构建自己的颜色。可以使用百分数、0～255 之间的数字或十六进制数来指定这三种颜色的值。例如,如果创建一种深紫色,可以使用 89 份红、127 份蓝、没有绿。这个颜色可以写为 rgb(89,0,127),如图 4-12 所示。

8. 十六进制数格式的颜色

这是目前最为常见的方式,如图 4-13 所示。

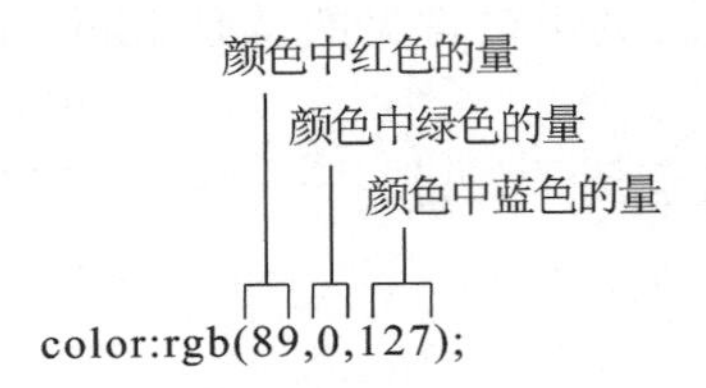

图 4-12　RGB 格式的颜色

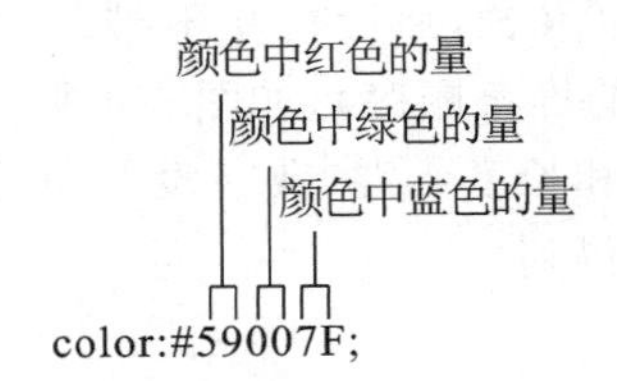

图 4-13　十六进制数格式的颜色

将 RGB 中的数字值转化为十六进制数,然后将它们合并到一起,再在前面加一个#,就像#59007F 这样(89、0、127 在十六进制中分别是 59、00、7F)。

如果一个十六进制数颜色是由三对重复的数字组成的,如#FF3344,则可以缩写为#F34。这种做法也是一种最佳实践,因为没有理由让代码无谓地变长。

如果十六进制数让人感到头疼,其实不用担心,类似于 Dreamweaver 中的取色工具或者 Photoshop 这样的工具在选择颜色时可以显示颜色的 RGB 值,以及对应的十六进制数。

9. CSS3 提供更多指定颜色的方式:RGBA、HSLA 和 HSL

CSS3 引入了另一种指定颜色的方式——HSL,以及通过 RGBA 和 HSLA 设置 alpha 透明度的能力(使用十六进制数格式无法指定 alpha 透明度)。

1) RGBA

RGBA 在 RGB 的基础上加上一个代表 alpha 透明度的 A。可以在红、绿、蓝数值后面加上一个用以指定透明度的 0 到 1 之间的小数。

alpha 设置越接近 0,颜色就越透明。如果设为 0,就是完全透明的,就像没有设置任何颜色。相反,1 表示完全不透明。例如:

```
/*不透明,和 rgb(80,0,120);效果相同 */
background: rgba(80,0,120,1);
/*完全透明 */
background: rgba(80,0,120,0);
/*25% 透明 */
background: rgba(80,0,120,0.75);
```

将 alpha 透明度应用到元素的背景颜色上的做法很常见。因为 alpha 透明度可以让元素下面的任何东西(如图像、其他颜色、文本等)透过来并混合在一起,也可以对其他基于颜色的属性使用 alpha 透明,如 color、border、border-color、box-shadow、text-shadow 等。但需要说明的是,不同浏览器对它们的支持程度并不相同。

2) HSL 和 HSLA

HSL 和 HSLA 也是 CSS3 中新增的方法。HSLA 是除了 RGBA 以外的颜色设置 alpha 透明度的另一种方式。用 HSLA 指定 alpha 透明度的方法与 RGBA 是一致的。

HSL 代表色相(hue)、饱和度(saturation)和亮度(lightness),其中色相的取值范围为0~360,饱和度和亮度的取值均为百分数,范围为 0~100%,如图 4-14 所示。

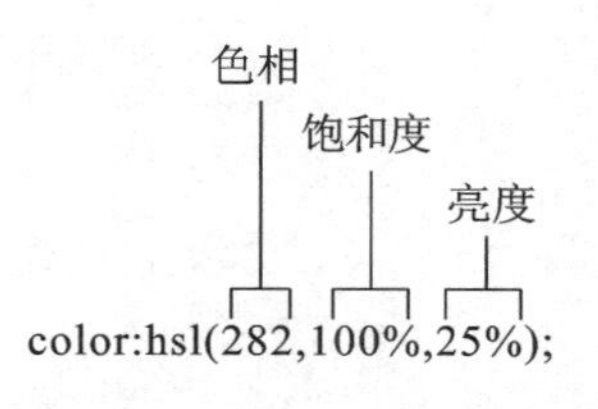

图 4-14　HSL 格式的颜色

以此类推,HSLA 的格式为:

```
/*纯色背景(不透明)*/
background: hsl(282,100% ,25% ,1);
/*25% 透明*/
background: hsl(282,100% ,25% ,0.75);
```

并非所有的图像编辑器都可以在对话框中指定 HSL。不过,通过 Mathis 强大的免费在线工具 HSL Color Picker(http://hslpicker. com),可以选取颜色,获取其 HSL 值、十六进制数值和 RGB 值,还可以输入这些格式的颜色值,查看颜色的变化。

上面所讲到的 RGBA、HSL 和 HSLA 这些功能,IE9 之前的版本均不支持。它们无法理解这些记法,因此会忽略这些声明。对于 IE9 之前的版本,通过一些变通的方法可以使用 RGBA 和 HSLA,但 HSL 还是用不了,因此只能继续使用十六进制数或 RGB 来指定颜色。

任务三　CSS 样式选择器

实例代码:

```
<!doctype html>
<html>
<head>
    <meta charset="utf-8">
    <title>任务三</title>
<style type="text/css">
    /* 按元素标记的类型和名称选择元素
    p{
        line-height:1.5em;
        text- indent:2em;
    }
    h2{
        font-size:14px;
    }*/

    /*按 class 选择元素
    .text{
```

```
        font-style:italic;
    }*/

    /*按 id 选择元素
    #p1{
        font-size:20px;
    }*/

    /*按祖先选择元素
    .about p{
        font-weight:bold;
    }*/

    /*按父元素选择元素
    article.about>p{
        text-decoration:underline;
    }*/

    /*按相邻同胞元素选择元素
    h1+ p{
    font-style:italic;
    }*/

    /*选择最后一个子元素
    p:last-child {
        font-weight:bold;
    }*/

    /*选择元素第一个字母
    p:first-letter {
        font-weight:bold;
    }*/

    /*选择器的分组
    h1,
    h2,
    p{
        text-indent: 2em;
    }*/
    </style>
</head>
<body>
```

```
    <article class="about">
        <h1>HTML5:过去、现在、未来</h1>
        <p class="text" id="p1">HTML5 支持多种媒体设备和浏览器,对 Web 和移动的应
用和浏览器都有着较高的支持性和兼容性。据 IDC 调查,2012 年 1 月,使用 HTML5 开发的应用
程序已占据应用总数的 78% 。而在 2011 年 7 月调查显示,在移动设备上使用 HTML5 浏览器的
设备约有 1.09 亿,预计 2016 年将达到 21 亿。</p>
        <p>乔布斯认为 HTML5 的到来,让 Web 开发人员再也无需依赖第三方浏览器插件,就
能开发出高品质的图片、排版、动画等</p>
        <section class="part">
        <h2 class="text">HTML5 的未来</h2>
            <p>长久以来,HTML5 一直被遮蔽在 Flash Web 开发框架的阴影中,难以显露头
角。但今时今日,却发生了变化。虽然 Flash 和 IE 浏览器占领着大部分市场份额,但手机系统
厂商 Apple 和 Android 却都与 HTML5 站在同一条战线上。</p>
            <p>预计 2016 年将有超过 21 亿部移动设备使用 HTML5 浏览器,该数据是 2010
年 1.09 亿的 20 倍之多。与此同时,还介绍了 HTML5 的新功能和特性</p>
        </section>
    </article>
</body>
</html>
```

实例效果图(见图 4-15):

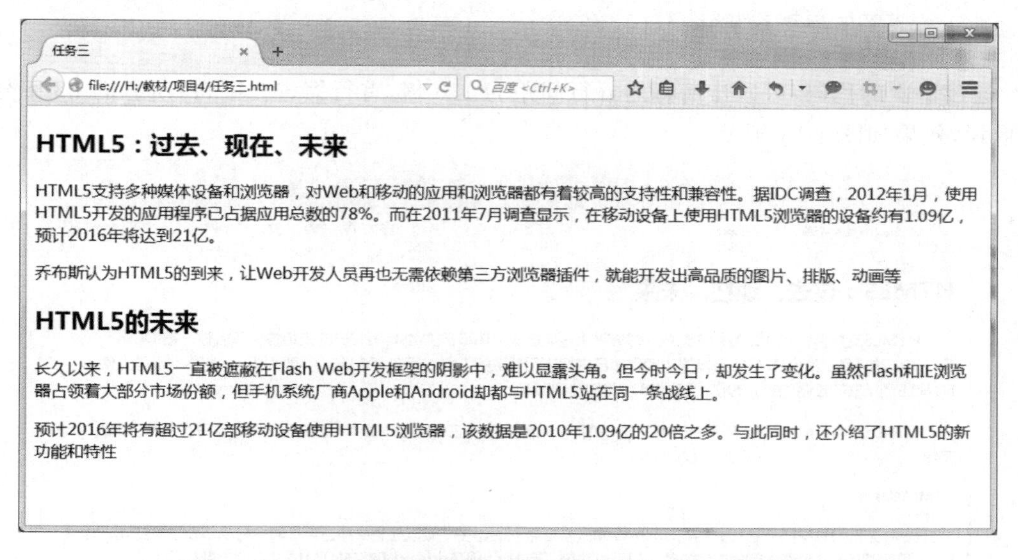

图 4-15　CSS 样式选择器(没有定义样式前的 HTML 结构图)

选择器决定样式规则应用于哪些元素。例如,如果要对所有的 p 元素添加 12px 的格式,就需要创建一个只识别 p 元素而不影响代码中其他元素的选择器。如果要对每个区域中的第一个 p 元素设置特殊的样式,就需要创建一个稍微复杂一些的选择器,它只识别页面中每个区域的第一个 p 元素。

选择器可以定义五个不同的标准来选择要进行格式化的元素：

- 元素的类型或名称；
- 元素的类或 id；
- 元素所在的上下文；
- 元素的伪类或伪元素；
- 元素的属性和值。

为了指出目标元素，选择器可以使用这五个标准的任意组合。在大多数情况下，只使用一个或两个标准即可。另外，如果要对几组不同的元素应用相同的样式规则，可以将相同的声明同时应用于几个选择器。

一、按元素的类型或名称选择元素

按标记名称选择元素，是最常用的标准。例如本任务实例中的代码：

```
p{
    line-height:1.5em;
    text-indent:2em;
}
h2{
    font-size:14px;
}
```

通过上面的代码，可以让所有的 p 行间距为 1.5 倍，首行缩进 2 字符；所有的 h2 字号为 14 像素，效果如图 4-16 所示。

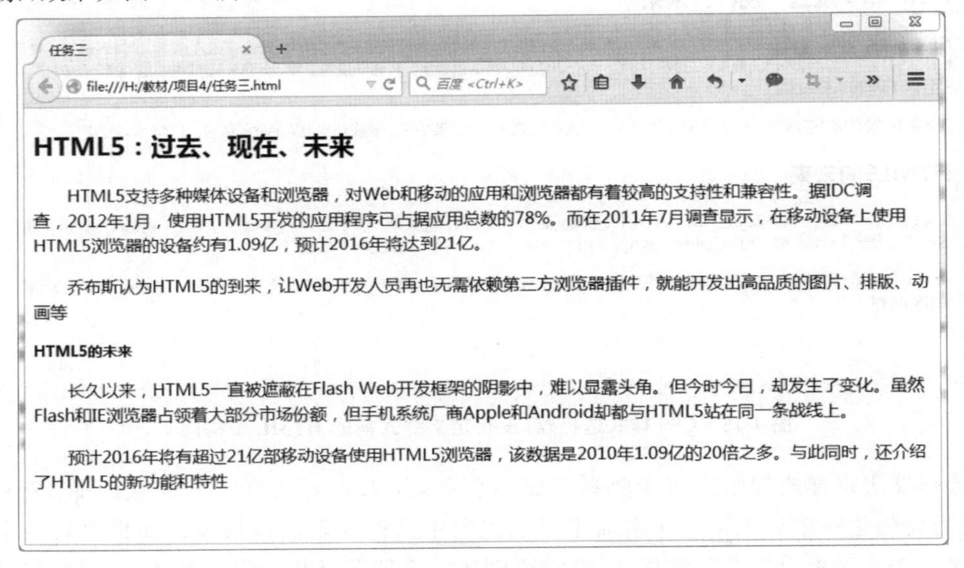

图 4-16 按元素类型或名称选择元素

通配符 *（星号）匹配代码中的任何元素名称。例如，使用下面的代码会让每个元素的边距为 0。

```
* {
        margin:0;
}
```

二、按 class 或 id 选择元素

在很多时候，我们不想将页面中的某个元素全部设置为同一样式，只想为其中的一个或者几个添加样式。例如，在所有段落中只有某一段或某几段颜色为斜体，其余段落皆为默认的样式。这时就可以使用 class 或 id 去标识这些元素，这样就只会对被标识的元素进行格式化。

1. class

按 class 选择元素，选择器写为. classname，哪个元素要使用这个样式，就在该元素的属性中加上 class="classname"。class 名称可以用在多个元素上。例如：

```
.text{
    font-style:italic;
}
```

上面的代码会将所有 class 名为 text 的文本设为斜体显示，效果如图 4-17 所示。

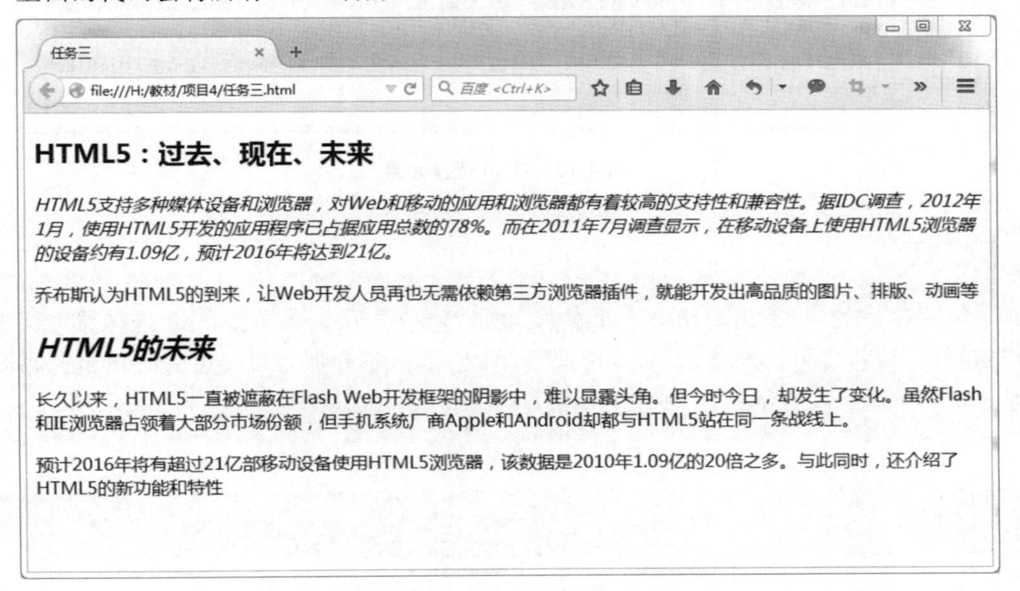

图 4-17 按 class 选择元素

如果将上面的样式修改为：

```
p.text{
    font-style:italic;
}
```

则仅仅是 class 名为 text 的 p 元素应用该样式，h2 不会应用。

2. id

按 id 选择元素，选择器写为 #idname，哪个元素要使用这个样式，就在该元素的属性中加上 id="idname"。例如：

```
# p1{
    font-size:20px;
}
```

上面的代码会将 id 名为 p1 的 p 元素大小设为 20px，效果如图 4-18 所示。

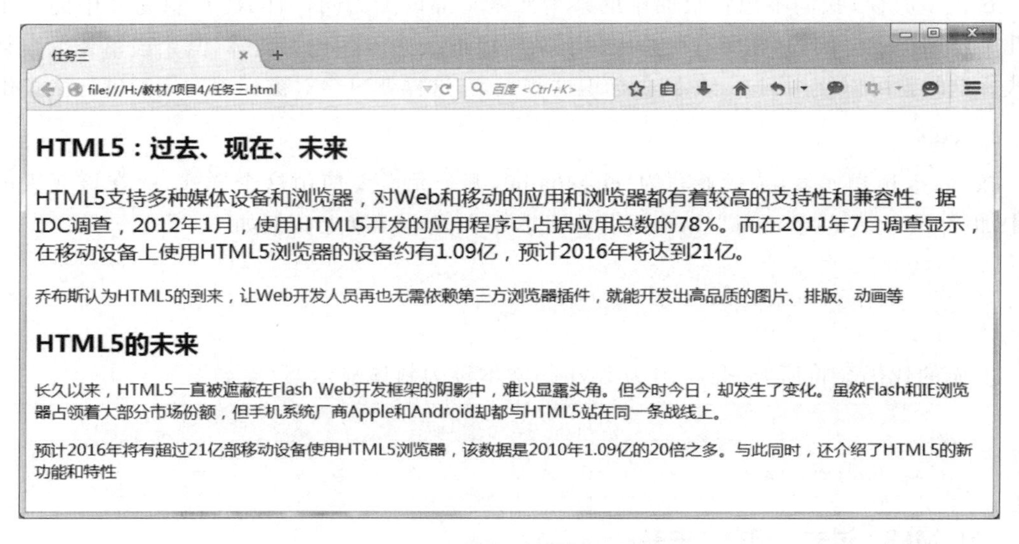

图 4-18　按 id 选择元素

注意

id 是唯一的，只能出现在一个元素上。所以，要在 class 选择器和 id 选择器之间做出选择时，建议尽可能地使用 class 选择器，因为 class 选择器是可再用的而 id 选择器是唯一的。

三、按上下文选择元素

在 CSS 中，可以根据元素的祖先、父元素或同胞元素来定位它们。

1. 按祖先选择元素

祖先是包含目标元素的任何元素，不管它们之间隔了多少代。例如：

```
.about p{
    font-weight:bold;
}
```

这里，组合使用了类选择器和类型选择器。.about 和 p 之间的空格表示这个选择器寻找任何作为 about 类元素的后代元素（无论是第几代）。通过上面的代码，class 名为 about 的 article 元素中所有的 p 字体加粗，包括 section 元素内的 p，效果如图 4-19 所示。

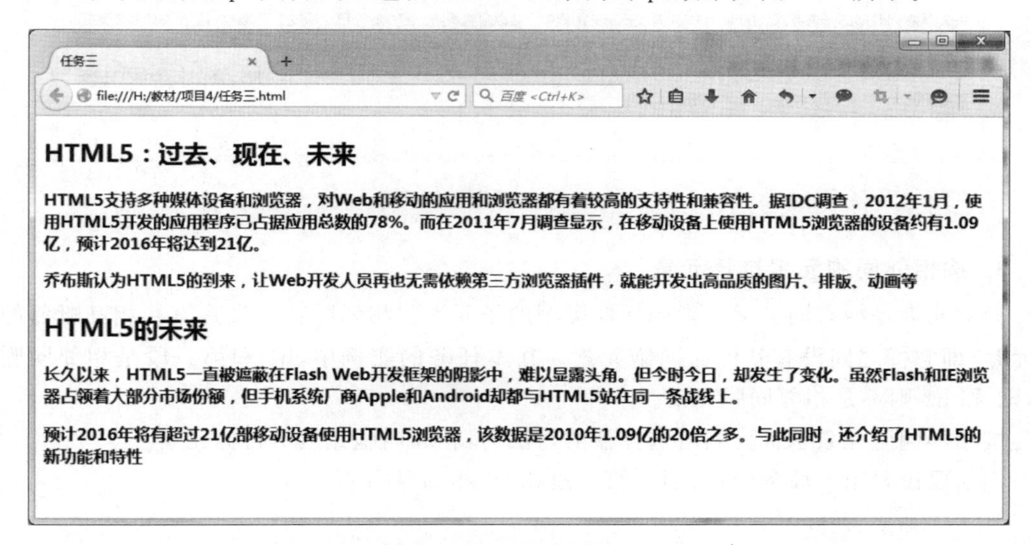

图 4-19　按祖先选择元素

如果将样式改写为：

```
.about section p{
    font-weight:bold;
}
```

则只有 section 元素中的 p 会加粗显示。

2. 按父元素选择元素

与按祖先元素选择方式不同的是，按父元素选择元素仅选择其子元素，而不会包括子子元素、子子子元素等。

按父元素选择时选择器的写法为：父元素＞希望格式化的元素。

例如下面的代码：

```
article.about>p{
    text-decoration:underline;
}
```

通过上面的代码，只有 class 类名为 about 的 article 元素的直接子元素 p（即前两段）会添加下划线，而 section 部分的 p 没有，效果如图 4-20 所示。

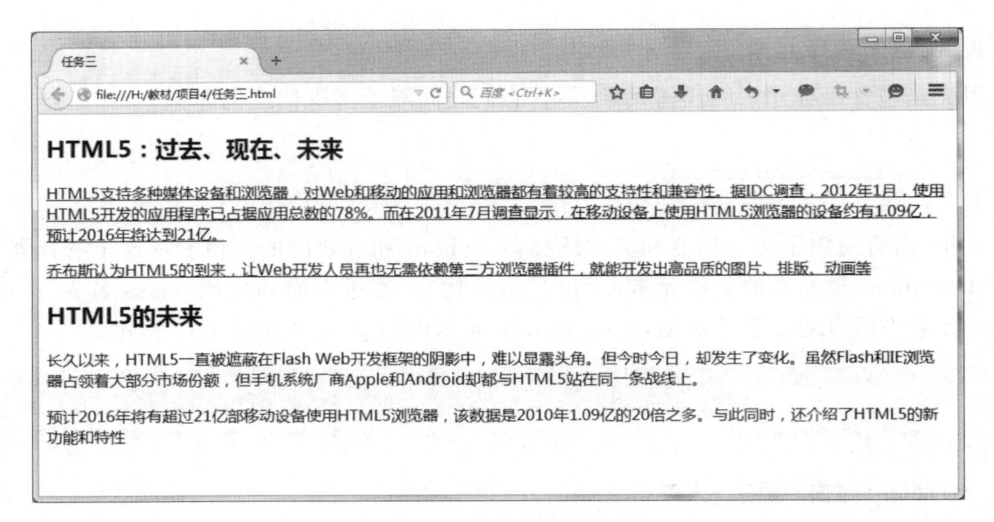

图 4-20 按父元素选择元素

3. 按相邻同胞元素选择元素

同胞元素是拥有同一父元素的任何类型的子元素。相邻同胞元素是直接相互毗邻的同胞元素，即它们之间没有其他的同胞元素。在本任务的实例中，h1 和第一段是相邻同胞元素，h1 和 h2 则不是相邻同胞元素。

按相邻同胞元素选择元素时选择器的写法为：相邻同胞元素＋目标元素。

例如要设置第一段为斜体，因为第一段和 h1 相邻，样式写为：

```
h1+ p{
    font-style:italic;
}
```

效果如图 4-21 所示。

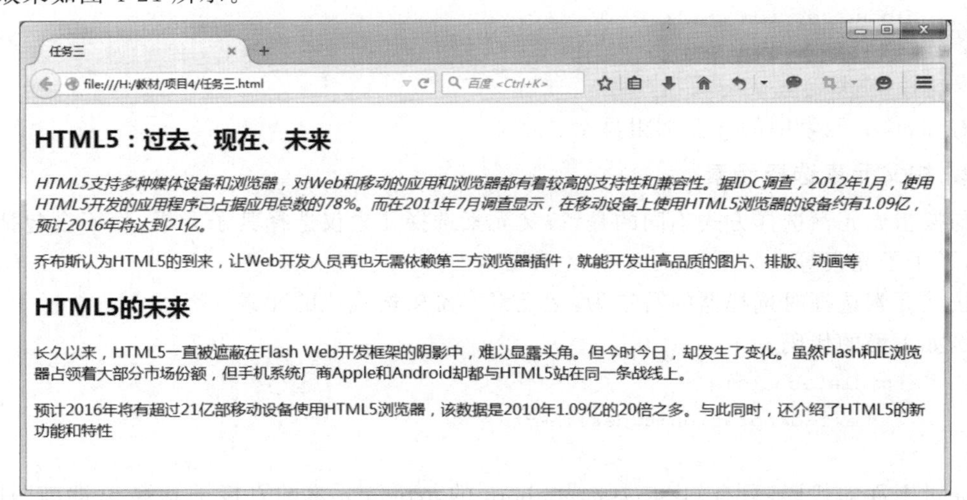

图 4-21 按相邻同胞元素选择元素

注意

这里的相邻同胞元素应该是目标元素前的相邻同胞元素，例如要选择第二段来设置样式就不能写为 h2＋p，这指的是 h2 后续的相邻同胞元素，即第三段。如果要选择第二段，可以写为 h1＋p＋p。

四、按伪类或伪元素选择元素

伪元素是 HTML 中并不存在的元素。例如，我们可以通过伪元素定义第一个字母或第一行文字的样式，它们并未在 HTML 中做相应的标记，它们是某一个元素的部分内容。相反，伪类则应用于 HTML 元素。

CSS 伪类主要用于设置超链接元素不同状态下的样式，例如 a:link 等，关于这部分的内容我们将在项目七超级链接中介绍。下面来介绍几种伪元素。

1. 选择第一个或最后一个子元素

在 CSS 中可以只选择一个元素的第一个子元素或者最后一个子元素，并对其添加样式。选择器写为：

```
元素:first-child  元素:last-child。
```

例如下面的代码：

```
p:last-child{
        font-weight:bold;
}
```

最后一个段落 p 是其父元素 section 的最后一个子元素，因此这个段落应用该样式。效果如图 4-22 所示。

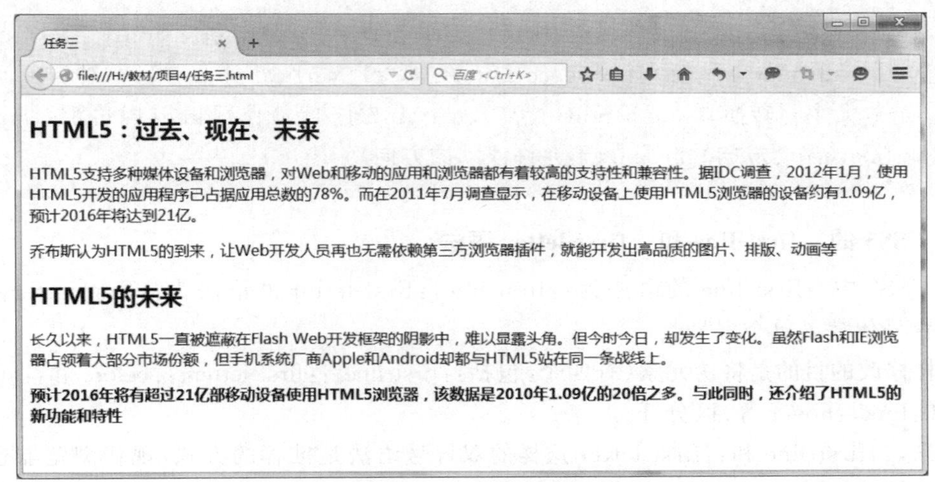

图 4-22 选择元素的最后一个子元素

2. 选择元素的第一个字母或者第一行

在 CSS 中还可以只选择元素的第一个字母或者第一行，并对其添加样式。选择器写为：

```
元素:first-letter  元素:first-line
```

例如下面的代码：

```
p:first-letter {
        font-weight:bold;
}
```

结果为每一个段落元素 p 的第一个文字加粗，效果如图 4-23 所示。

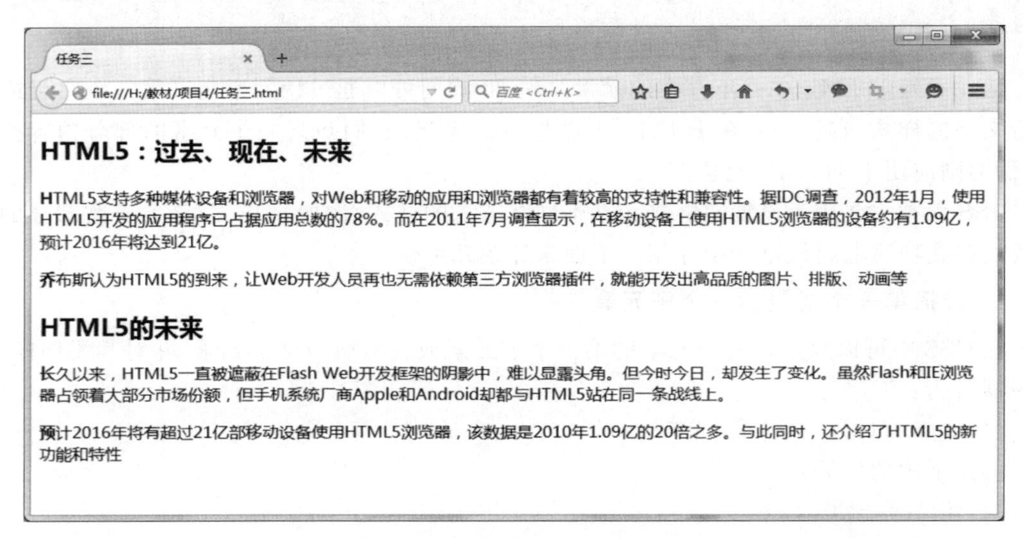

图 4-23　选择元素的第一个字母

注意

只有某些特定的 CSS 属性可以应用于:first-letter 伪元素，包括 font(字体)、color(颜色)、background(背景)、text-decoration(划线)、vertical-align(垂直对齐)、text-transform(大小写转换)、line-height(行高)、margin(外边距)、padding(内边距)、border(边框)、float(浮动方向)和 clear(不允许浮动的方向)。

3. CSS3 的::first-line 和::first-letter 语法

在 CSS3 中，:first-line 的语法为::first-line，:first-letter 的语法为::first-letter。它们用两个冒号代替了单个冒号。

这样修改的目的是将伪元素(有四个，包括::first-line、::first-letter、::before 和::after)与伪类(如:link、:hover 等)区分开。

未来，::first-line 和::first-letter 这样的双冒号语法是推荐的方式，现代浏览器也支持它们。原始的单冒号语法则被废弃了，但浏览器出于向后兼容的目的，仍然支持它们。不过，IE9 之前的版本均不支持双冒号。

五、按属性选择元素

在 CSS 中可以对具有给定属性或属性值的元素进行格式化。

按属性选择元素时选择器的写法如下。

- 元素[属性="value"]：表示属性值等于这里 value 的元素被选中。
- 元素[属性~="value"]：表示属性值包含这里的 value 的元素被选中。
- 元素[属性|="value"]：表示属性值等于这里的 value 或以 value 开头（|是管道符号，不是数字 1 也不是小写字母 l）。

或者写为

- ^="value"：表示属性值以 value 开头的元素被选中。
- $="value"：表示属性值以 value 结尾的元素被选中。
- *="value"：表示属性值中包含 value 的元素被选中。

当前所有主流浏览器均支持按元素包含的属性选择元素。后面三种选择方式是 CSS3 中新增的特性，在 IE7 和 IE8 中会有一些异常。

下面来看一些例子。

（1）选择器中没有属性值，它选择的是所有具有 class 属性的 section。

```
section[class] {
    color: red;
}
```

（2）选择器选择任何 href 值等于#（必须完全匹配）的 a 元素。

```
a[href="#"] {
    color: red;
}
```

（3）选择器选择 class 属性中包含 blog 的 section 元素。

```
section[class~ ="blog"] {
    color: red;
}
```

例如有这样两个元素<section class="blog text">，<section class="blog">，它们都将被选中。

（4）选择器可以选中 class 属性值中包含 blo 的元素。

```
section[class* ="blo"] {
    color: red;
}
```

例如有这样两个元素<section class="blog text">，<section class="blog">，它们都将被选中。

但是下面这个选择器就不能满足要求，因为 blo 并不是某个完整属性值。

```
section[class~ ="blo"] {
    color: red;
}
```

(5) 选择器选择任何带有 lang 属性且属性值以 zh 开头的 h2。

```
h2[lang|="zh"] {
    color: red;
}
```

通过使用通用选择器，这个选择器选择任何带有 lang 属性且属性值以 zh 开头的元素。

```
* [lang|="zh"] {
    color: red;
}
```

(6) 通过联合使用多种方法，这个选择器选择所有既有任意 href 属性，同时 title 属性值中包含属性值 howdy 的 a 元素。

```
a[href][title~ ="howdy"] {
    color: red;
}
```

(7) 作为上一个选择器的精确度低一些的变体，这个选择器选择所有既有任意 href 属性，同时 title 属性值中包含 how(它匹配 how、howdy、show 等，无论 how 出现在属性值的什么位置)的 a 元素。

```
a[href][title* ="how"] {
    color: red;
}
```

(8) 选择器匹配任何 href 属性以 http://开头的 a 元素。

```
a[href^="http://"] {
    color: red;
}
```

(9) 选择器匹配任何 src 属性值完全等于 logo.png 的 img 元素。

```
img[src="logo.png"] {
    border: 1px solid greed;
}
```

(10) 选择器的精确度比前一个低一些，它匹配任何 src 属性值以.png 结尾的 img 元素。

```
img[src$ =".png"] {
    border: 1px solid greed;
}
```

六、选择器的分组

在设置网页样式时，经常需要将同样的样式规则应用于多个元素。可以为每个元素重复地设置样式规则,也可以组合选择器,一次性地设置样式规则。当然,后一种方法效率更高,通常也会让样式表更易于维护。

选择器分组时,选择器写为:元素 1,元素 2,元素 3。

可以列出任意数量的单独的选择器(无论它们包含的是元素名称、id 还是 class),只要用逗号分隔它们。当选择器很长时,可以让每个选择器位于单独的行,以增强代码的可读性。

例如下面的代码:

```
h1,
h2,
p{
    text-indent: 2em;
}
```

h1、h2 和 p 元素都设置了首行缩进 2 字符,效果如图 4-24 所示。

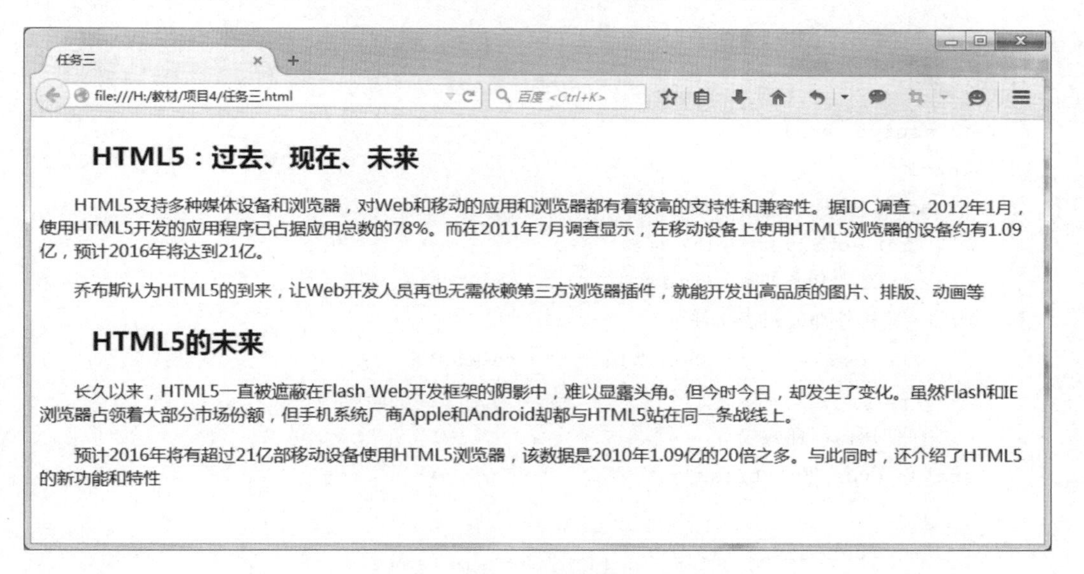

图 4-24　选择器的分组

七、组合使用选择器

在前面用非常简单的例子介绍了各种类型的选择器的使用方法,但是现实中常常需要组合使用这些技术,才能找到要格式化的元素,这是选择器的功能强大之所在。

可以组合使用任何类型的选择器,从最简单的到最复杂的都可以。例如,可以使用 h1, .about p:first-letter 来选择一级标题以及包含在 class 为 about 的所有元素中的 p 元素的第一个字母。

下面的这个例子展示了如何组合使用选择器。

```
.about h2[lang|="zh"]+p em {
        color: red;
}
```

从右向左看，它表明选择的是 em 元素，em 元素是包含在 p 元素中的，而 p 元素是 lang 属性值以 zh 开头的 h2 元素的直接相邻同胞元素，并且是 class 等于 about 的 h2 元素的子元素。

任务四 操作样式表

实例代码：

```
<! doctype html>
<html>
<head>
    <meta charset="utf-8">
    <title>任务四</title>
<! --链接外部样式表文件
    <link rel="stylesheet" href="base.css">
    -->
<! --使用内部样式表
<style type="text/css">
    p {
        font-size: 14.7px;
        text-indent: 2em;
    }
    </style>
    -->
</head>
<body>
    <article>
<! --使用内联样式
<h1 style="text-indent:2em;"> HTML5:过去、现在、未来</h1>
    -->
<h1>HTML5:过去、现在、未来</h1>
```

```
    <p>从 1991 年 HTML 的出现，经过多年演变和进化，2009 年 HTML5 问世了。它超越了以往的功能，增加了 web 网页的表现力，同时也增加了表单、本地数据等全新功能，对于网站的建设是一个全新的体验，HTML5 带给 Web 无穷无尽的可塑性。</p>
    <p>HTML5 支持多种媒体设备和浏览器，对 Web 和移动的应用和浏览器都有着较高的支持性和兼容性。据 IDC 调查，2012 年 1 月，使用 HTML5 开发的应用程序已占据应用总数的 78% 。而在 2011 年 7 月调查显示，在移动设备上使用 HTML5 浏览器的设备约有 1.09 亿，预计 2016 年将达到 21 亿。</p>
    <p>乔布斯认为 HTML5 的到来，让 Web 开发人员再也无需依赖第三方浏览器插件，就能开发出高品质的图片、排版、动画等。</p>
    </article>
</body>
</html>
```

实例效果图(见图 4-25)：

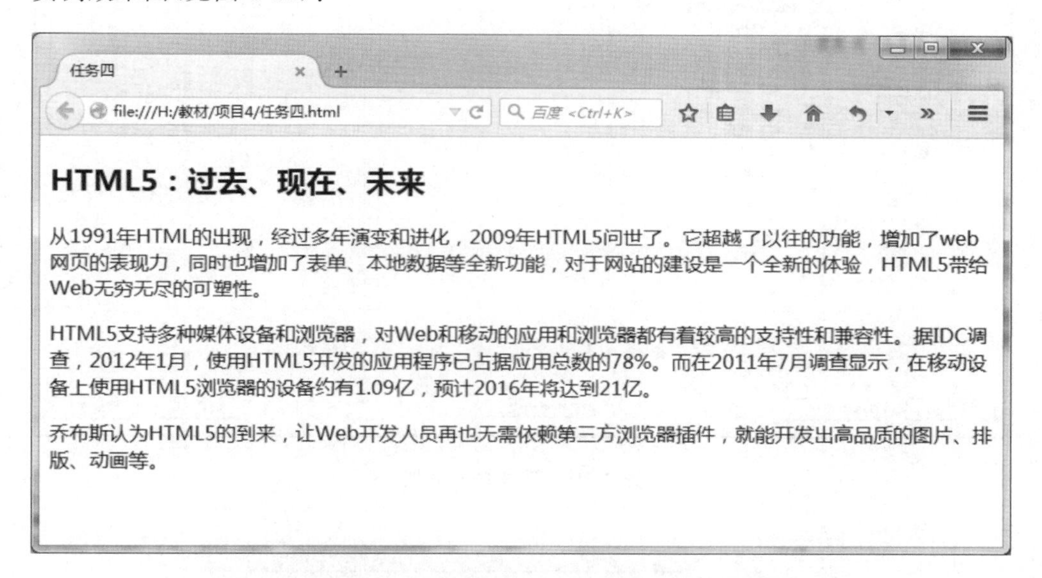

图 4-25 操作样式表(没有使用样式表前的 HTML 结构图)

在开始定义样式表之前，要知道如何创建和使用包含这些样式的文件。创建样式表文件，并将 CSS 应用到多个网页(包括整个网站)、单个页面或单独的 HTML 元素，这三种应用分别通过三种方式实现：外部样式表(首选方法)、内部样式表和内联样式(最不可取的方法)。

一、外部样式表

外部样式表非常适合给网站上的大多数页面或者所有页面设置一致的外观。可以在一个或者多个外部样式表中定义全部样式，然后让网站上的每个页面加载这些外部样式表，从而确保每个页面都有相同的设置。尽管还有内部样式表和内联样式这些方式，但从外部样式表为页面添加样式才是最佳实践，推荐使用这种方法。

1. 创建外部样式表

和 HTML 文档一样，能够创建和编写 CSS 的工具很多，小到普通的文本编辑器如记事本，大到各种网页开发工具如 Dreamweaver，都能够完成 CSS 文档的创建与编写任务。

这里以 Dreamweaver CS6 的环境下创建 CSS 为例展开介绍。要创建一个外部样式表，在新建文档界面中选择 CSS，如图 4-26 和图 4-27 所示。

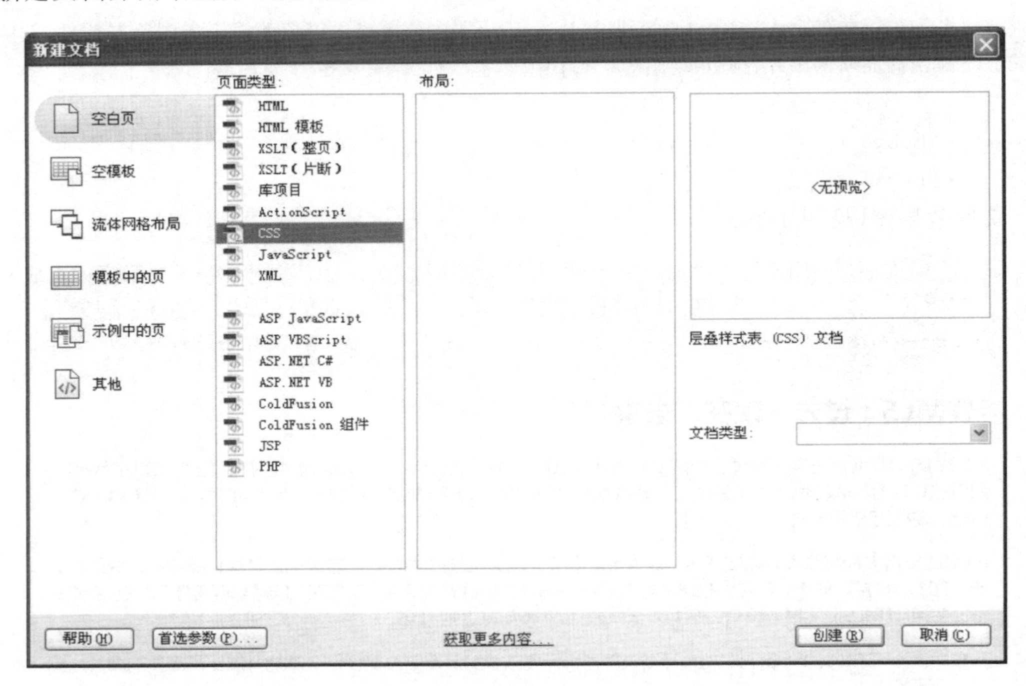

图 4-26　新建 CSS 文档

图 4-27　CSS 文档

样式表开头处的@charset 并不总是必需的，不过总是在样式表中包含它也没有任何坏处。如果样式表中包含非 ASCII 字符，就必须包含它。出于这种原因，可以选择总是包含@charset，以免后来样式表需要它时再回过头来添加。另外，一定要将它放在样式表的第一行。

可以以任何名称为样式表文件命名。base. css 和 global. css 是两种常见的样式表名称，它们通常包含应用于网站大多数页面的样式规则。网站制作者通常创建一些为某些区块所特有的附加 CSS 文件，作为对基本样式的补充。例如，对于一个商业网站，products.css 包含的可能是为产品相关页面准备的样式规则。无论选择什么文件名，一定不要包含空格。

2. 使用外部样式表

创建了样式表之后，需要将它加载到 HTML 页面中去，从而为内容应用这些样式规则。使用外部样式表可以通过链接引用（<link>）或者导入（@import）的方式，不过不推荐导入它们。@import 指令会影响页面的下载速度和呈现速度，在 IE 中影响更为明显。因此，这里主要介绍链接到外部样式表的方式。

在每个希望使用样式表的 HTML 页面的 head 部分，输入以下代码：

```
<link rel="stylesheet" href="样式表路径 URL">
```

例如，创建的 base.css 样式表文件内容如下：

```
@ charset "utf-8";
/*CSS Document */
p{
    font-size:14.7px;
    text-indent:2em;
}
```

现在将外部样式表文件链接到网页中，其代码如下：

```
<link rel="stylesheet" href="base.css">
```

页面效果如图 4-28 所示，base.css 中设定的样式将 p 元素的字号设为 14.7px，首行缩进 2 字符应用到了所有的段落上。

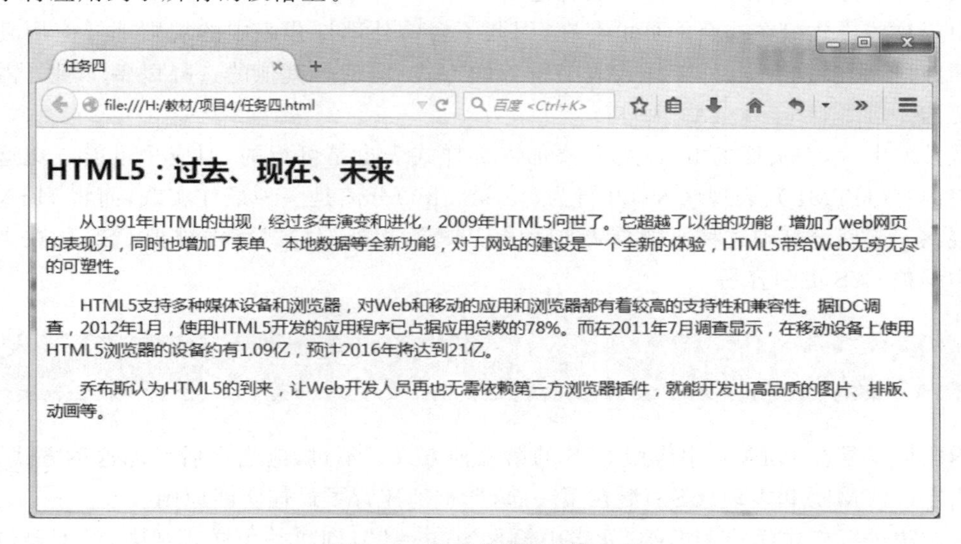

图 4-28 链接外部样式表文件

出于简化的目的，这个例子中的链接假定 HTML 页面与 base.css 位于同一个路径下。不过，实践中最好将样式表组织在子文件夹里，而不是与 HTML 页面混在一起。常见的样式表文件夹名称包括 css、style 等。如果 base.css 放在名为 css 的文件夹里，文件夹与 HTML

页面位于同一路径下，那么该例中的 link 元素就应该写为<link rel="stylesheet" href="css/base.css">。

link 元素位于 HTML 文档的 head 部分。页面可以包含一个以上的 link 元素，但使用它的次数最好尽可能地少，让页面得以更快地加载。对外部样式表进行修改时，所有引用它的页面也会自动更新。外部样式表中的规则可能被 HTML 文档内的样式覆盖，如果链接到多个样式表，不同的文件中有相互冲突的显示规则，则靠后的文件中的规则具有更高的优先级。

二、内部样式表

内部样式表是页面中应用 CSS 的第二种方式，它允许在 HTML 文档里直接设置样式。在 HTML 文档的 head 部分输入<style>标记，根据需要，定义任意数量的样式规则，如下面的代码所示：

```
<style type="text/css">
p {
        font-size: 14.7px;
        text-indent: 2em;
}
</style>
```

使用内部样式表时，style 元素及其包围的样式规则通常位于文档的 head 部分，浏览器对页面的呈现方式与使用外部样式表时是一样的。

由于这些样式只在一个网页里存在，因此不会像外部样式表中的规则那样应用到其他的页面，对于大多数情况，外部样式表是推荐的方式，但理解其他的选择以备不时之需也是很重要的。

从技术上说，在页面的 body 部分添加内部样式表也是可行的，但应尽可能避免这种做法。将内容（HTML）、表现（CSS）和行为（JavaScript）分离是一种最佳实践，而将 HTML 和 CSS 混在一起就会打破这种原则。从实际情况来看，在外部样式表中维护 CSS 比在内部样式表中维护 CSS 更为容易。

三、内联样式

内联样式是在 HTML 中应用 CSS 的第三种方式。不过，应当最后考虑这种方式，因为它将内容（HTML）和表现（CSS）混在了一起，严重地违背了最佳实践原则。

在希望进行格式化的 HTML 元素中输入 style=""，创建一个样式规则，但不要包括花括号和选择器（不需要选择器是因为直接将样式放入目标元素中了）。例如：

```
<h1 style="text-indent:2em;">HTML5:过去、现在、未来</h1>
```

效果如图 4-29 所示。

内联样式只影响一个元素，因此使用它将失去外部样式表的重要好处：一次编写，到处

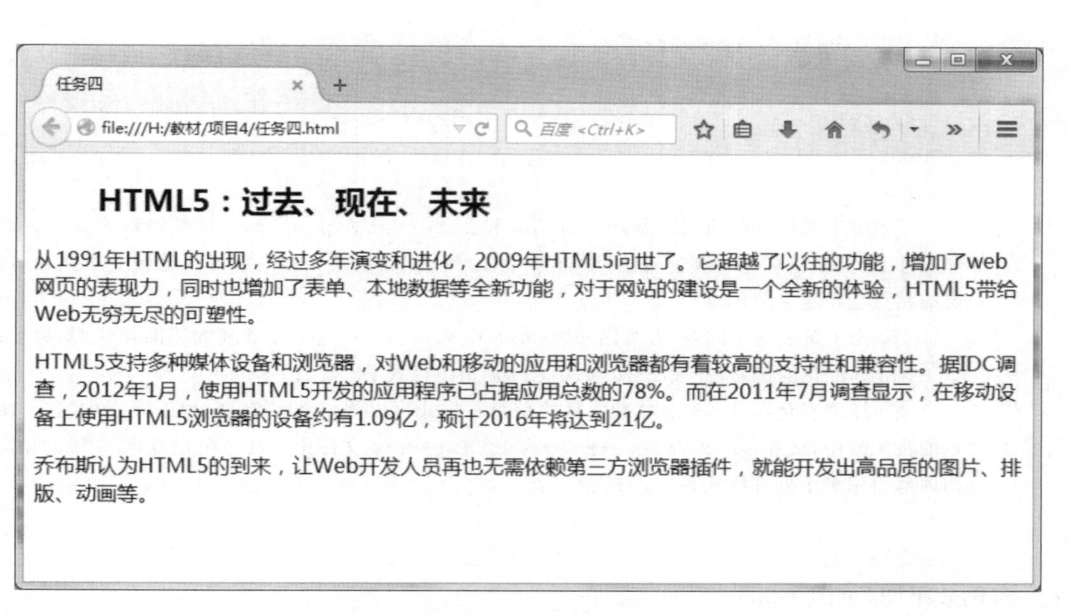

图 4-29　内联样式

可见。设想要对大量 HTML 做简单的文字颜色的改变，就需要对这些页面逐一进行检查和修改，可见内联样式不被经常使用的原因了。或许内联样式最为常见的使用场景是在 JavaScript 函数中为元素应用内联样式，从而为页面某个部分添加动态行为。可以通过 Firefox 或 Chrome 的开发者工具查看这些生成的内联样式。在大多数情况下，应用这些样式的 JavaScript 同 HTML 是分离的，因而仍然保持了内容(HTML)、表现(CSS)和行为(JavaScript)分离的原则。

任务五　样式的继承

实例代码：

```
<!doctype html>
<html>
<head>
   <meta charset="utf-8">
   <title>任务五</title>
<style type="text/css">
   p{
      color:red;
```

```
        border:1px solid blue;
    }
    </style>
</head>
<body>
    <p>由于两种主要的浏览器(Netscape 和 Internet Explorer)不断地将新的 HTML 标签和属性(比如字体标签和颜色属性)添加到 HTML 规范中,创建文档内容清晰地独立于文档表现层的站点变得越来越困难</p>
    <p>为了解决这个问题,万维网联盟<em>(W3C)</em>,这个非营利的标准化联盟,肩负起了 HTML 标准化的使命,并在 HTML 4.0 之外创造出样式(Style)。</p>
    <p>样式表允许以多种方式规定样式信息。样式可以规定在单个的 HTML 元素中,在 HTML 页的头元素中,或在一个外部的<strong>CSS</strong>文件中。甚至可以在同一个 HTML 文档内部引用多个外部样式表。</p>
</body>
</html>
```

实例效果图(见图 4-30):

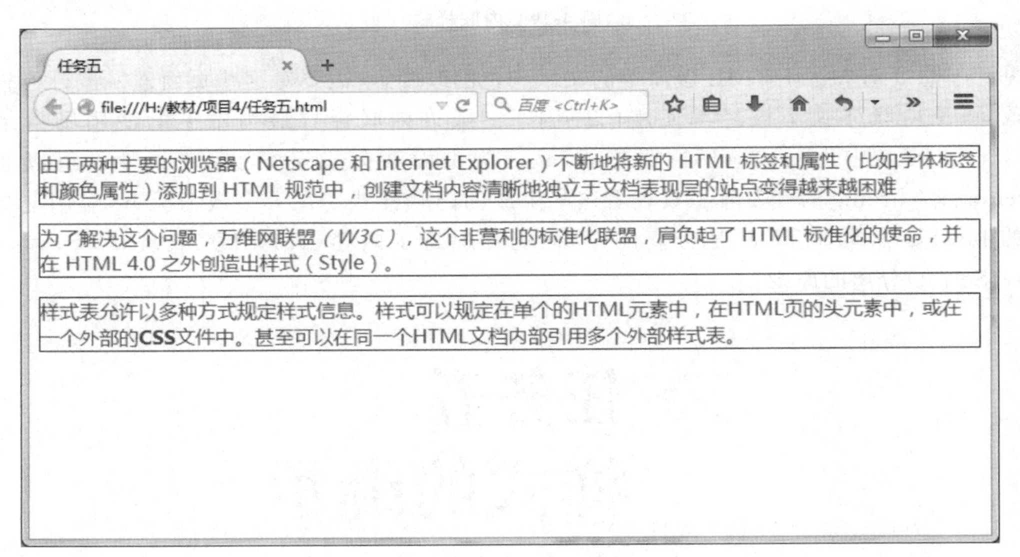

图 4-30　样式的继承

很多 CSS 属性不仅影响选择器所定义的元素,而且会被这些元素的后代继承。

在本任务的实例中,所有的 p 元素显示为红色,并且带有黑色边框。em 和 strong 元素包含在 p 元素里,因此它们是 p 的子元素(后代)。由于 color 属性是可继承的,border 属性不可继承,em 和 strong 元素从其父元素 p 那里继承了字体、字号、颜色等属性,而没有继承边框的属性。em 元素的斜体来自浏览器为 em 设的默认样式,同样,strong 元素的加粗也来自浏览器的默认样式。

任务六 层叠样式

实例代码：

```
<!doctype html>
<html>
<head>
    <meta charset="utf-8">
    <title>任务六</title>
<style type="text/css">
    /*CSS样式规则的特殊性*/
    p {
        font-size: 20px;
    }
    p.group {
        font-size: 30px;
    }
    p#last {
        font-size: 40px;
    }
    /*CSS样式规则的顺序*/
    em{
        text-decoration:underline;
    }
    em{
        text-decoration:line- through;
    }
    </style>
</head>
<body>
    <p>由于两种主要的浏览器(Netscape和Internet Explorer)不断地将新的HTML标签和属性(比如字体标签和颜色属性)添加到HTML规范中,创建文档内容清晰地独立于文档表现层的站点变得越来越困难</p>
    <p class="group">为了解决这个问题,万维网联盟<em>(W3C)</em>,这个非营利的标准化联盟,肩负起了HTML标准化的使命,并在HTML 4.0之外创造出样式(Style)。</p>
```

```
    <p id="last" class="group">样式表允许以多种方式规定样式信息。样式可以规定在
单个的 HTML 元素中,在 HTML 页的头元素中,或在一个外部的<strong>CSS</strong>文件
中。甚至可以在同一个 HTML 文档内部引用多个外部样式表。</p>
</body>
</html>
```

实例效果图(见图 4-31):

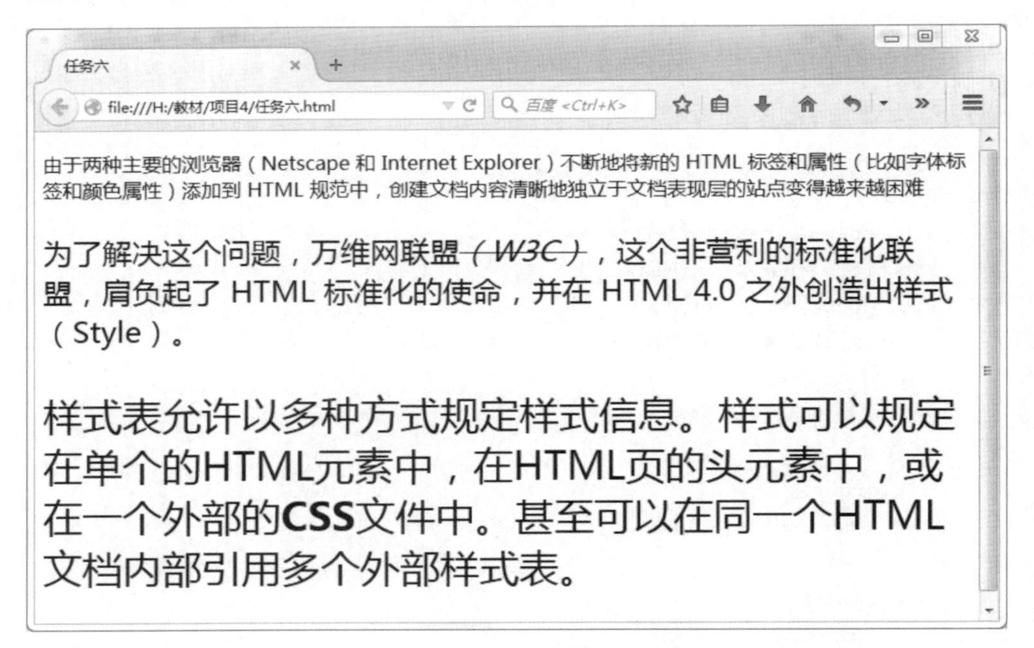

图 4-31　层叠样式

对于每一个元素,每个浏览器都有其默认样式,可以用自己的样式覆盖它们或对它们进行补充。那么,如果某一个元素上应用了多条样式规则,会发生什么情况?例如,一段文字,有几个样式规则同时作用在它上面,一个设置其颜色为红,一个设置其颜色为蓝,在这些相互冲突的规则中应该应用哪个规则?本任务将要讨论这些内容。

一、特殊性

特殊性规则指选择器的具体程度。选择器越特殊,规则就越强。遇到冲突时,优先应用特殊性强的规则。例如,本任务的实例中针对 p 元素的字体大小定义了三个具有不同特殊性的规则,代码如下:

```
p {
    font-size: 20px;
}
p.group {
```

```
    font-size: 30px;
}
p#last {
    font-size: 40px;
}
```

第一个 p 影响所有的 p 元素，第二个 p. group 只影响 class 为 group 的 p 元素，而第三个 p#last 只影响 id 为 last 的唯一的 p 元素。

在这三种类型的选择器中，id 属性被认为是最特殊的(因为它们在一个文件中必须是唯一的)，而带 class 属性的选择器则比不带 class 的更特殊。同时，具有多个 class 的选择器比只有一个 class 的更特殊。在特殊性次序中，最低级的是只有元素名的选择器，这时层叠的规则被认为是最一般的，可以被任何其他规则覆盖。

因此，对于 body 中的三个段落：第一个是一般的，显示为 20px；第二个是有一个 class 的，显示为 30px；第三个是同时有一个 class 和一个 id 的，显示为 40px。

二、顺序

有时候，特殊性还不足以判断在相互冲突的规则中哪一个应该优先，在这种情况下，规则的位置就可以起到决定的作用：晚出现的优先级高。

例如本任务实例中针对 em 元素的样式定义了两个规则，代码如下：

```
em{
    text-decoration:underline;
}
em{
    text-decoration:line-through;
}
```

上面两个规则中定义的 em 具有相同的特殊性，但由于第二个规则最后出现，因此它的优先级更高。页面中 em 所标记的文本样式为“line-through”。

三、内部样式表、外部样式表、内联样式的层叠

当页面中同时有内部样式表、外部样式表及内联样式时，它们的层叠主要遵循以下的规则。

(1) 内部样式表与任何链接的外部样式表之间的关系取决于它们在 HTML 中的相对位置。在两者发生冲突时，如果 link 元素在 HTML 代码中出现得早，style 元素就会覆盖链接的样式表；如果 link 元素出现得晚，其中的样式及其包含的任何导入样式表就会覆盖 style 元素的规则。

(2) 内联样式在外部样式表和内部样式表之后。

任务七 CSS 盒模型

实例代码：

```
<!doctype html>
<html>
<head>
    <meta charset="utf-8">
    <title>任务七</title>
<style type="text/css">
    div{
        background:#09F;
        color:#FFF;
        height:100px;
    }
    #div1{
        width:100px;
        padding:15px;
        marign:15px;
        border:2px solid #F00;
    }
    #div2{
        width:200px;
        padding:15px 25px;
        margin:15px 25px;
        border-bottom:5px dashed #FFCC00;
    }
    #div3{
        width:300px;
        padding:15px 25px 35px 45px;
        margin:15px 25px 35px 45px;
        border-left-style:dotted;
        border-left-width:5px;
        border-left-color:#6FC;
    }
    #div4{
```

```
        width:400px;
        padding-top:50px;
        margin-top:50px;
        border:none;
    }
    </style>
</head>
<body>
    <div id="div1">div1</div>
<div id="div2">div2</div>
<div id="div3">div3</div>
<div id="div4">div4</div>
</body>
</html>
```

实例效果图(见图 4-32)：

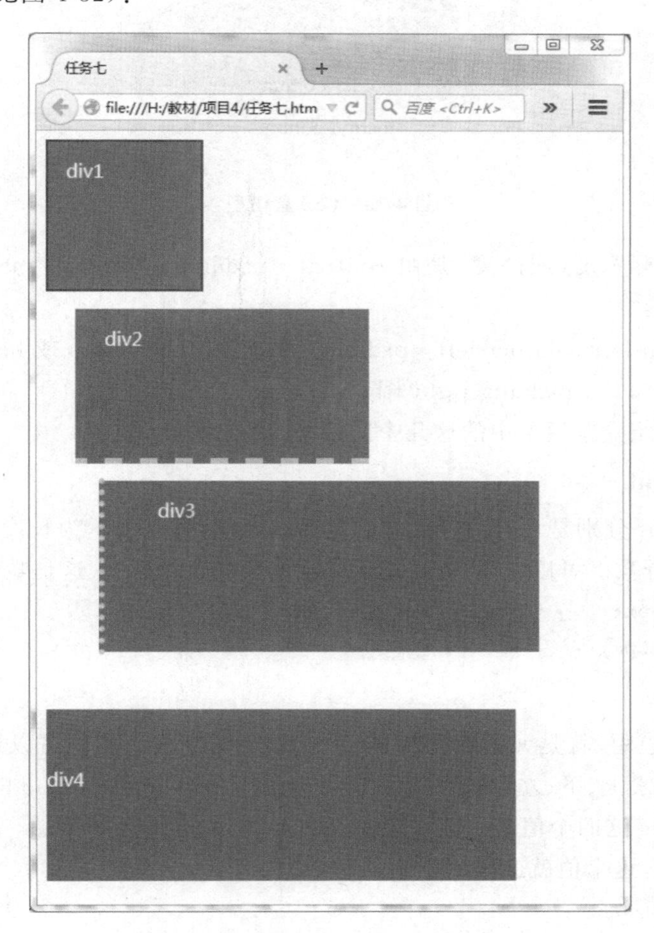

图 4-32　CSS 盒模型(实例效果图)

CSS 处理网页时，它认为每个元素都包含在一个不可见的盒子里。盒子有内容区域、内容区域周围的空间(内边距 padding)、内容边距的外边缘(边框 border)和边框外面将元素与相邻元素隔开的不可见区域(外边距 margin)，如图 4-33 所示。

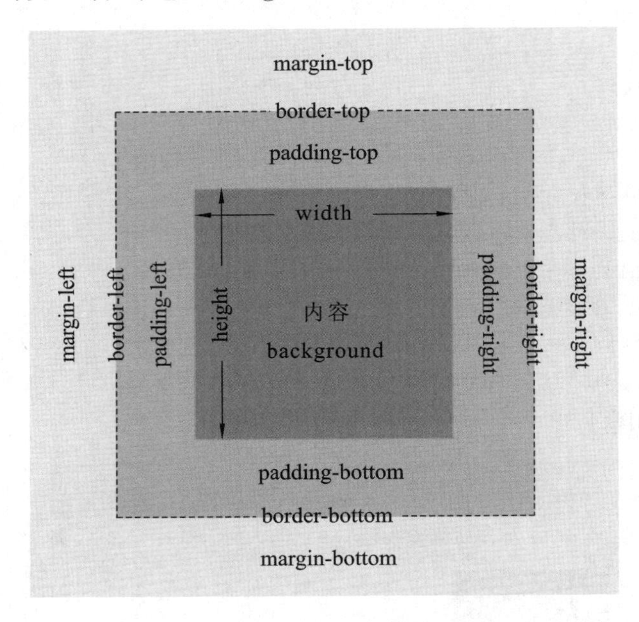

图 4-33　CSS 盒模型

一个盒子的实际宽度(或高度)是由 content＋padding＋border＋margin 组成的，宽度或高度的具体值为：

margin-left＋border-left＋padding-left＋content(width 或 height)
＋padding-right＋border-right＋margin-right

下面来分别介绍盒子模型中的这几个属性。

1. width、height

width 和 height 分别是元素内容区域的宽度和高度，可以表示为长度(带单位如 px、em 等)或父元素的百分数。可以使用 auto 让浏览器计算宽度或高度(这是默认值)。例如：

```
width:200px;
height:100px;
```

2. padding

padding 是内边距，就是元素内容周围、边框以内的空间。我们可以通过给 padding 属性指定值来设置元素上、下、左、右的边距，也可以通过 padding-left、padding-right、padding-top、padding-bottom 这四个值来单独设置左、右、上、下的边距。

- 使用一个值，这个值就会应用于全部四个边。

```
padding:5px;
```

- 使用两个值，前一个值应用于上下边，后一个值应用于左右边。

```
padding:5px 10px;
```

- 使用四个值，会按照顺时针方向依次应用于上、右、下、左边。

```
padding:5px 7px 9px 11px;
```

- 使用三个值，第一个值应用于上边，第二个值应用于左右两边，第三个值应用于下边。

```
padding:5px 8px 10px;
```

- 单独为一个边添加内边距

```
padding-top:20px;
```

3. border

border 是元素的边框，边框可以应用于任何元素，包括图像。定义边框可以使用三个属性 border-style、border-width、border-color 来分别设置边框的风格、宽度及颜色。

- border-style：边框风格，可以是 none、dotted（点线）、dashed（虚线）、solid（实线）、double（双线）、groove（槽线）、ridge（脊线）、inset（凹边）、outset（凸边）。
- border-width：边框宽度，是一个具体的单位值。
- border-color：边框颜色，是一个颜色值。

上面的三个属性均可接受一至四个值，其规则同 padding。例如：

border-style：dotted；元素上下左右四个边框都是点线。

border-width：2px 5px；元素上下边框宽度是 2px，左右边框宽度是 5px。

border-color：red yellow blue green；元素上、右、下、左边框颜色依次是红、黄、蓝、绿。

我们也可以分别设置上下左右边框的风格、宽度及颜色，例如：

border-top-style：dashed；元素上边框的样式为虚线。

我们还可以通过 border 的简写形式来设置边框。例如：

border：2px solid red；指元素上下左右都是 2px 红色实线边框。

我们也可以使用 border-left、border-right、border-top、border-bottom 这四个属性来单独设置左右上下的边框。例如：

border-top：1px dotted red；指元素上边框是 1px 红色点线。

4. margin

margin 是外边距，就是元素与相邻元素之间的透明空间。我们可以通过给 margin 属性指定值来设置元素上、下、左、右的外边距，也可以通过 margin-left、margin-right、margin-top、margin-bottom 这四个值来单独设置元素左、右、上、下的外边距。其值的规则同 padding。例如：

```
marign:5px;
margin:5px 10px;
margin:5px 8px 10px;
marign-top:5px;
```

本任务的实例是给四个 div 分别设置了不同的 width、padding、margin 及 border，效果如图 4-33 所示。

任务八 给文本添加 CSS 样式

实例代码：

```
<!doctype html>
<html>
<head>
    <meta charset="utf-8">
    <title>任务八</title>
<style type="text/css">
    *{
        margin:0;
        padding:0;
    }
    h2,p{
        text-indent:50px;
    }
    h1{
        margin:20px auto;
        font-family:"黑体","隶书";
        font-size:30px;
        color:red;
        padding:20px;
        border:1px solid #36F;
        background:#F90;
        width:200px;
    }
    h2{
        font-size:24px;
        font-weight:normal;
        margin:10px 0;
        word-spacing:10px;
        letter-spacing:2px;
        text-decoration:underline;
        font-variant:small-caps;
    }
```

```
    p{
        line-height:30px;
        white-space:none;
        font-style:italic;
        text-transform:lowercase;
    }
    p:last-child{
        text-align:center;
        margin:20px;
    }
    </style>
</head>
<body>
    <h1>CSS3 新特性</h1>
    <h2>rgba</h2>
    <p>CSS3 的 RGBa 新特性允许你对每个元素进行色彩以及透明度的设置。而原来常用的
opacity 命令只能对元素及其子元素进行设置。</p>
    <h2>multi-column layout</h2>
    <p>CSS3 新提供的多栏布局选择器无需 HTML 布局标签即可生成多栏布局,同时‘栏数’、
‘栏宽’以及‘栏间距’都是可以定义的。  </p>
    <h2>round corners</h2>
    <p>圆角功能可能是 CSS3 提供的最实用的功能了。通过 Border-radius,你可以没有任
何难度地给指定的 HTML 元素添加圆角。并且你还可以定义圆角的大小,以及哪个角是圆角,哪
个角不是圆角。</p>
    <h2>@font-face</h2>
    <p>当网页显示某种用户没有安装的字体时,CSS3 提供的@font-face 功能会自动地、默
默地帮用户从网络上下载相应字体,从而让设计师更加自由地发挥,而不用考虑用户的机器是否
安装了相应字体。</p>
    <h2>其他特性 </h2>
    <p>此外,CSS3 还给我们带来了渐变、防止字符串过长溢出、多重背景以及用图片来作为元
素边框等功能。</p>
    <p>利用好 CSS3,你可以更快捷地得到以往用很多插件才能得到的效果。通过使用元素本
身来取代大部分图片,网页的加载速度会得到提升,这些原本是图片的内容,也可以被搜索引擎
检索到。</p>
<p><cite>《html 与 css 程序设计》</cite></p>
</body>
</html>
```

实例效果图如图 4-34 所示。

本任务的实例给文本设置了一些样式,效果如图 4-34 所示。下面我们来介绍 CSS 为文本提供的这些样式。

图 4-34 给文本添加 CSS 样式

一、文本属性

CSS 文本属性可定义文本的外观。通过文本属性，可以改变文本的颜色、字符间距，对齐文本，装饰文本，对文本进行缩进等。

1. color

color 属性用于设置文本的颜色，例如：

```
color:red;
```

2. 缩进文本

text-indent 属性可以方便地实现文本缩进，即元素的第一行可以缩进一个给定的长度，甚至该长度可以是负值。

这个属性最常见的用途是将段落的首行缩进，例如：

```
text-indent:2em;
```

3. line-height

line-height 属性可以设置每一行文本的高度，通过行高可以调整行与行的间距。例如：

```
line-height:20px;
```

4. 水平对齐

text-align 是一个基本的属性，它会影响一个元素中的文本行互相之间的对齐方式。它的值为 left、right 和 center 时会使元素中的文本分别左对齐、右对齐和居中。

西方语言都是从左向右读，所有 text-align 的默认值是 left。文本在左边界对齐，右边界呈锯齿状（称为“从左到右”文本）。对于希伯来语和阿拉伯语之类的语言，text-align 则默认为 right，因为这些语言从右向左读。

当 text-align 的属性值是 justify 时，指两端对齐文本，文本行的左右两端都放在父元素的内边界上。然后，调整单词和字母的间隔，使各行的长度恰好相等。两端对齐文本在打印领域很常见。

5. 字间隔

word-spacing 属性可以改变字（单词）之间的标准间隔。其默认值 normal 与设置值为 0 是一样的。

word-spacing 属性接受一个正长度值或负长度值。如果提供一个正长度值，那么字与字的间隔就会增加。为 word-spacing 设置一个负值，会把它拉近，例如：

```
word-spacing: 30px;
```

6. 字母间隔

letter-spacing 属性与 word-spacing 的区别在于，字母间隔修改的是字符或字母的间隔。

与 word-spacing 属性一样，letter-spacing 属性的可取值包括所有长度。默认关键字是 normal（这与 letter-spacing：0 相同）。输入的长度值会使字母间隔增加或减少指定的量。例如：

```
letter-spacing: -0.5em;
```

7. 字符转换

text-transform 属性处理文本的大小写，它有以下四个值。

- none：默认值 none 对文本不做任何改动，将使用源文档中的原有大小写。
- uppercase：将文本转换为全大写字符。
- lowercase：将文本转换为全小写字符。
- capitalize：只让每个单词的首字母大写。

例如：

```
text-transform:capitalize;
```

8. 文本装饰

text-decoration 是文本装饰属性，它有以下五个值。

- none:关闭原本应用到一个元素上的所有装饰,通常是默认外观,但也不总是这样。
- underline:对元素加下划线。
- overline:会在文本的顶端画一个上划线。
- line-through:在文本中间画一个贯穿线。
- blink:会让文本闪烁。

例如:

```
text-decoration:overline;
```

也可以在一个规则中结合多种装饰,例如:

```
text-decoration: underline overline;
```

9. 处理空白符

white-space 属性会影响到用户代理对源文档中的空格、换行和 tab 字符的处理。通过使用该属性,可以影响浏览器处理字之间和文本行之间的空白符的方式。它有以下几个属性值。

- normal:告诉浏览器按照平常的做法去处理,即丢掉多余的空白符。如果给定这个值,换行字符(回车)会转换为空格,一行中多个空格的序列也会转换为一个空格。
- pre:浏览器将会注意额外的空格,甚至回车。在这个方面且仅在这个方面,任何元素都可以相当于一个 pre 元素。
- nowrap:它会防止元素中的文本换行,除非使用了一个 br 元素。
- pre-wrap:元素中的文本会保留空白符序列,但是文本行会正常换行。如果设置为这个值,源文本中的行分隔符以及生成的行分隔符也会保留。
- pre-line:与 pre-wrap 相反,会像正常文本中一样合并空白符序列,但保留换行符。

例如:

```
white-space:none;
```

二、字体属性

CSS 字体属性定义文本的字体系列、大小、加粗、风格(如斜体)和变形(如小型大写字母)。

1. 字体系列

使用 font-family 属性可以定义文本的字体系列。例如:

```
font-family: Georgia;
```

上面的规则定义字体显示为 Georgia。通常我们在 font-family 规则中都提供一个候选字体。例如:

```
font-family: Georgia,serif;
```

当用户客户端上没有安装 Georgia 字体时,就使用候选字体 serif。

2. 字体风格

font-style 属性可以设置文本的字体风格,包括以下三种。

● normal：文本正常显示。

● italic：文本斜体显示，是一种简单的字体风格，对每个字母的结构有一些小改动，来反映变化的外观。

● oblique：文本倾斜显示，是正常竖直文本的一个倾斜版本。

例如：

```
font-style:italic;
```

3. 字体变形

font-variant 属性可以设定小型大写字母。

小型大写字母不是一般的大写字母，也不是小写字母，这种字母采用不同大小的大写字母。例如：

```
font-variant:small-caps;
```

4. 字体加粗

font-weight 属性用于设置文本的粗细。

font-weight 的属性值使用 bold 关键字可以将文本设置为粗体。关键字 100～900 为字体指定了 9 级加粗度。如果一个字体内置了这些加粗级别，那么这些数字就直接映射到预定义的级别，100 对应最细的字体变形，900 对应最粗的字体变形。数字 400 等价于 normal，而 700 等价于 bold。

如果将元素的加粗设置为 bolder，浏览器会设置比所继承值更粗的一个字体加粗。与此相反，关键词 lighter 会导致浏览器将加粗度下移而不是上移。

例如：

```
font-weight:normal;
font-weight:bold;
font-weight:900;
```

5. 字体大小

font-size 属性设置文本的大小，其值可以是 px、em、%等长度单位值。例如：

```
font-size:60px;
```

6. 复合属性

字体的复合属性 font 可以把所有针对字体的属性设置在一个声明中。例如：

```
font:12px bold italic;
```

项目五 列 表

项目导读

列表让设计者能够对相关的元素进行分组，并由此给它们添加意义和结构。大多数网站都包含某种形式的列表，例如新闻列表、活动列表、链接列表等。将这些条目标识为列表并加上标记，会在 HTML 文档中增加结构。HTML 中列表共有三种：无序列表、有序列表、描述列表。本项目将介绍这些列表标记及如何设置列表样式。

任务一 无序列表、有序列表、描述列表

实例代码：

```
<!doctype html>
<html>
<head>
    <meta charset="utf-8">
    <title>任务一</title>
</head>
<body>
    <h1>水果</h1>
    <ul>
        <li>苹果</li>
        <li>香蕉</li>
        <li>梨子</li>
    </ul>
    <h1>学习游泳</h1>
    <ol>
        <li>憋气、吐气</li>
        <li>水中站立</li>
        <li>滑行</li>
        <li>练剖析行动</li>
```

```
            <li>加上手部行动</li>
            <li>换气</li>
        </ol>
        <h1>HTML 与 CSS</h1>
        <dl>
            <dt>HTML</dt><dd>HTML 是一种超文本标记语言,是构成网页文档的主要语言
</dd>
            <dt>CSS</dt><dd>css 是层叠样式表,是一种网页样式的设计工具</dd>
        </dl>
    </body>
    </html>
```

实例效果图(见图 5-1):

图 5-1　无序列表、有序列表、描述列表

HTML包含专门用于创建项目列表的元素，使用HTML创建的列表有无序列表、有序列表及描述列表这三种类型。

一、无序列表

无序列表是万维网上最为常见的列表类型，是列表中的各个元素在逻辑上没有先后顺序的列表形式。其基本语法格式为：

```
<ul>
    <li>列表项一</li>
    <li>列表项二</li>
    …
</ul>
```

一个ul元素标记一个无序列表，一个li元素标记每一个列表项，例如下面的代码：

```
<ul>
    <li>苹果</li>
    <li>香蕉</li>
    <li>梨子</li>
</ul>
```

说明：

(1) 列表项内部除了可以使用文本，还可以使用段落、换行符、图片、链接及其他列表等。

(2) 每一个列表项前的符号称为列表项目符号，简称项目符号，无序列表默认的列表项目符号是黑色实心圆点，我们可以通过CSS改变列表项目符号的样式。

二、有序列表

相比较无序列表，有序列表会在列表项目前按顺序添加编号。如果列表项的顺序非常重要，就应该使用有序列表。有序列表适于提供完成某一任务的分步说明，或用于创建大型文档的大纲。总之，它适用于任何强调顺序的项目列表。其基本语法格式为：

```
<ol>
    <li>列表项一</li>
    <li>列表项二</li>
    …
</ol>
```

一个ol元素标记一个有序列表，一个li元素标记每一个列表项，例如下面的代码：

```
<ol>
    <li>憋气、吐气</li>
    <li>水中站立</li>
```

```
        <li>滑行</li>
        <li>练剖析行动</li>
        <li>加上手部行动</li>
        <li>换气</li>
    </ol>
```

说明：

(1) 有序列表默认的列表项目符号是阿拉伯数字，起始值是1。

(2) 可以给ol标记添加start属性来设定有序列表标号的起始值。例如：

```
    <ol start="3">
        …
    </ol>
```

三、描述列表

描述列表在HTML5之前也称为定义列表。描述列表不仅仅是一列项目，还是项目及其注释的组合。其基本语法格式为：

```
    <dl>
        <dt>名词一</dt><dd>解释一</dd>
        <dt>名词二</dt><dd>解释二</dd>
        …
    </dl>
```

一个dl元素标记一个描述列表。在一个dl中，包含一个或多个一一对应的dt标记和dd标记。dt标记需要解释的名词，对应的dd标记具体解释的内容。例如：

```
    <dl>
        <dt>HTML</dt><dd>HTML是一种…</dd>
        <dt>CSS</dt><dd>css是层叠样式表，是一种…</dd>
    </dl>
```

任务二　嵌套列表

实例代码：

```
    <!doctype html>
    <html>
    <head>
        <meta charset="utf-8">
```

```
    <title>任务二</title>
</head>
<body>
    <h1>水果</h1>
    <ul>
      <li>苹果</li>
      <li>香蕉</li>
      <li>梨子
       <ul>
        <li>白梨系统
          <ul>
            <li>雪花梨</li>
            <li>鸭梨</li>
          </ul>
        <li>秋子梨系统</li>
        <li>沙梨系统</li>
      </ul>
     </li>
   </ul>
</body>
</html>
```

实例效果图(见图 5-2):

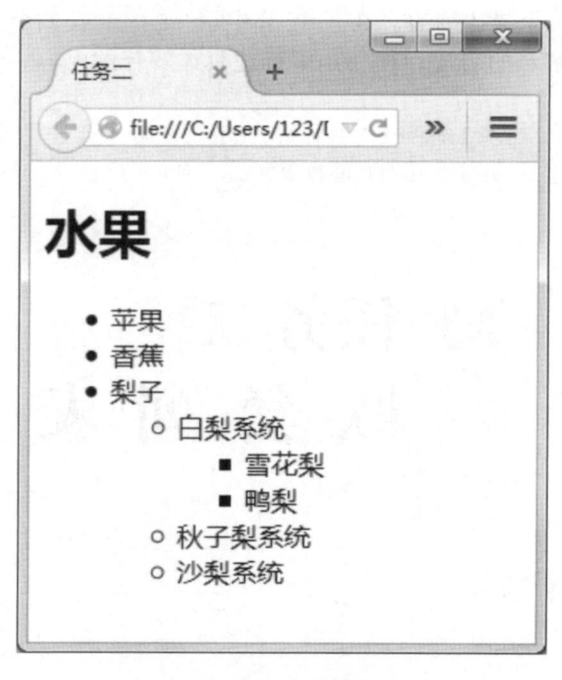

图 5-2　嵌套列表

在一个列表中再次使用列表是嵌套列表，即把一个列表看作是列表中的一行列表项。例如下面的代码：

```
<ul>
  <li>苹果</li>
  <li>香蕉</li>
  <li>梨子
      /*嵌套列表*/
      <ul>
        <li>白梨系统
        <li>秋子梨系统</li>
        <li>沙梨系统</li>
      </ul>
  </li>
</ul>
```

说明：

（1）无序列表和有序列表可以单独嵌套或者混合嵌套。

（2）嵌套列表中还可以再嵌套列表，即列表的多级嵌套。例如本任务中的实例就实现了两级嵌套。

（3）每一级嵌套列表都有不同的默认的列表项目符号，可以通过 CSS 来改变它们的样式。

（4）无论是哪种嵌套方式，都要遵从 HTML 代码规则。请注意，嵌套列表的 HTML 书写不少人容易犯错，ul、ol 标记后不允许直接跟文字，文字应该写在 li 标记里。

任务三　设置列表样式

实例代码：

```
<!doctype html>
<html>
<head>
    <meta charset="utf-8">
    <title>任务三</title>
    <style type="text/css">
        ul.ul1{
            list-style-type:circle;
        }
```

```
        li.apple{
            list-style-type:none;
        }
        ol.ol1{
            list-style-type:lower-alpha;
        }
        li.banana{
            list-style-image:url(img/item.png);
        }
        li.pear{
            list-style: square inside;
        }
        li.in{
            list-style-position:inside;
        }
        li.out{
            list-style-position:outside;
        }
    </style>
</head>
<body>
    <h1>水果</h1>
    <ul class="ul1">
        <li class="apple">苹果</li>
        <li class="banana">香蕉</li>
        <li class="pear">梨子</li>
    </ul>
    <h1>学习游泳</h1>
        <ol class="ol1">
        <li class="in">憋气、吐气</li>
        <li class="in">水中站立</li>
        <li class="in">滑行</li>
        <li class="out">练剖析行动</li>
        <li class="out">加上手部行动</li>
        <li class="out">换气</li>
    </ol>
</body>
</html>
```

实例效果图如图 5-3 所示。

使用 CSS 可以使列表的样式更加丰富、美观。列表中常用的 CSS 属性主要有表 5-1 中

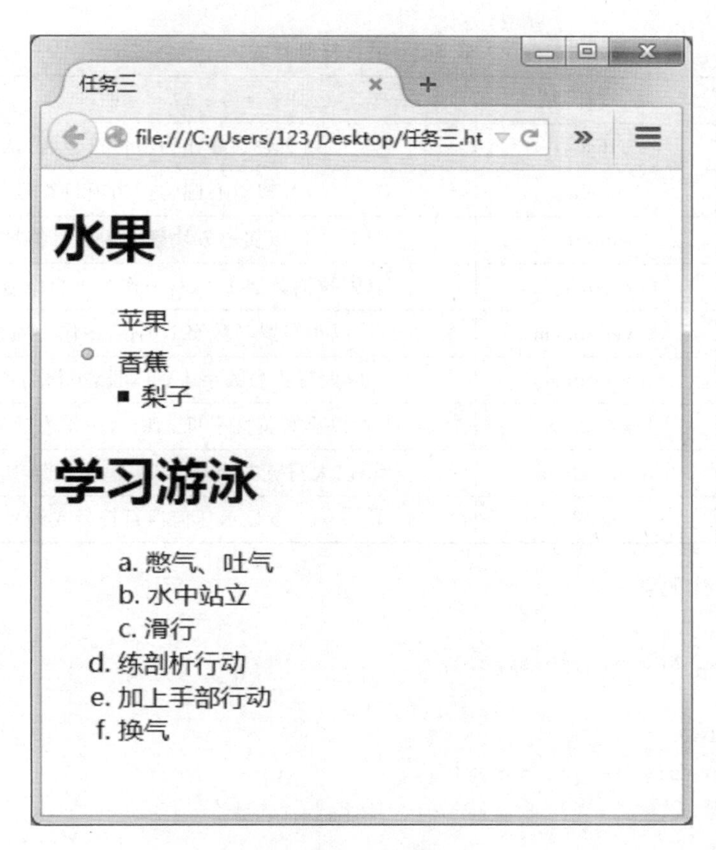

图 5-3　列表样式

所列举的几个。

表 5-1　列表样式属性

属　　性	描　　述
list-style-type	设置项目符号样式
list-style-position	设置项目符号的位置
list-style-image	设置项目符号图像
list-style	设置项目符号的所有控制选项

一、项目符号样式 list-style-type

无序列表项目符号样式默认的是实心圆点，有序列表项目符号样式默认的是阿拉伯数字，我们可以通过 CSS 的 list-style-type 属性将项目符号设置为其他样式。具体的项目符号样式参考表 5-2。

表 5-2 项目符号样式

	属 性 值	说 明
list-style-type 属性值及说明	disc	以实心圆●作为项目符号(默认值)
	circle	以空心圆○作为项目符号
	square	以实心方块■作为项目符号
	decimal	以阿拉伯数字 1,2,3,…作为项目编号(默认值)
	lower-roman	以小写罗马数字 i,ii,iii,…作为项目编号
	upper-roman	以大写罗马数字Ⅰ,Ⅱ,Ⅲ,…作为项目编号
	lower-alpha	以小写英文字母 a,b,c,…作为项目编号
	upper-alpha	以大写英文字母 A,B,C,…作为项目编号
	none	不显示任何项目符号或编号

例如下面的代码：

```
ul.ul1{
    list-style-type:circle;
}
li.apple{
    list-style-type:none;
}
ol.ol1{
    list-style-type:lower-alpha;
}
```

二、项目图像符号 list-style-image

项目图像符号属性 list-style-image 可以使用某一个图像作为列表的项目符号，使项目符号不再局限于所规定的那些样式，从而进一步地丰富和美化列表。list-style-image 的属性值及说明参考表 5-3。

表 5-3 项目图像符号

	属 性 值	说 明
list-style-image 属性值及说明	none	不设置列表图形(默认值)
	URL	指定使用图像的路径

例如下面的代码：

```
li.banana{
    list-style-image:url(item.png);
}
```

说明：

（1）如果指定的图像路径不正确，浏览器会按照 none 值处理。

（2）要根据列表来选择使用图像的大小，如果使用的图像太大会影响整个列表的美观。

（3）实际应用中一般不使用这种方式来为列表项指定项目符号图像，而是使用背景图像的方式来代替它。

三、项目符号位置 list-style-position

list-style-position 属性用于设置项目符号的位置，即列表的缩进。其属性值及说明参考表 5-4。

表 5-4 项目符号位置

	属性值	说明
list-style-position 属性值及说明	inside	项目符号放置在文本以内，且环绕文本根据符号对齐
	outside	项目符号位于文本的左侧，即项目符号放置在文本以外，且环绕文本不根据符号对齐（默认值）

例如下面的代码：

```
li.in{
    list-style-position:inside;
}
li.out{
    list-style-position:outside;
}
```

四、复合属性 list-style

我们可以将上面所讲到的 list-style-type、list-style-position、list-style-image 这三种属性写在一个属性 list-style 里，即复合属性。其基本语法格式为：

```
list-style : list-style-type  list-style-position  list-style-image;
```

例如下面的代码：

```
li.pear{
    list-style: square inside;
}
```

说明：

（1）list-style 三个属性值之间用空格分隔，其默认值为“list-style ：disc outside none;”。

（2）可以指定三个 list-style 属性，也可以指定其中的任意一个或多个，指定多个属性时顺序任意。

（3）关于 list-style 属性，最为常见的用法是使用 list-style：none 取消标记。

任务四 设置嵌套列表的样式

实例代码：

```
<!doctype html>
<html>
<head>
    <meta charset="utf-8">
    <title>任务四</title>
    <style type="text/css">
        ul{
            list-style-type:disc;
        }
        ul ul{
            list-style-type:circle;
        }
        ul ul ul{
            list-style-type:square;
        }
        ul li{
            font-size:0.8em;
        }
        li li{
            font-size:1em;
        }
    </style>
</head>
<body>
    <h1> 水果</h1>
    <ul>
```

```
          <li>苹果</li>
          <li>香蕉</li>
          <li>梨子
           <ul>
             <li>白梨系统
               <ul>
                 <li>雪花梨</li>
                 <li>鸭梨</li>
               </ul>
             <li>秋子梨系统</li>
             <li>沙梨系统</li>
          </ul>
        </li>
      </ul>
  </body>
  </html>
```

实例效果图(见图 5-4)：

图 5-4　设置嵌套列表的样式

在嵌套列表中，我们可以为每一级的列表设置单独的列表项目符号。例如：

```
ul{
    list-style-type:disc;
}
ul ul{
```

```
        list-style-type:circle;
    }
    ul ul ul{
        list-style-type:square;
    }
    ul li{
        font-size:0.8em;
    }
    li li{
        font-size:1em;
    }
```

在上面的代码中，第一级列表(ul)使用实心圆，第二级列表(ul ul)使用空心圆，第三级列表(ul ul ul)使用实心方框。注意，如果要对列表中的文本使用 em 或百分数设置字体大小，就需要添加 li li{font-size:1em;}(或者将 1em 替换为 100%)，以防止嵌套列表的字体不断缩小。

项目六　图　　像

项目导读

通过使用 HTML，可以在文档中显示图像。显示图像的方法有两种：一是在 body 中插入 img 标记，将图像插入到页面中；二是通过 CSS 的背景属性将图像作为某个元素的背景嵌入到网页中。img 标记使用起来灵活、简单，而 CSS 背景属性的功能很强大。实际应用中推荐将所有的图像都作为背景嵌入。本项目将介绍图像标记及其属性和添加背景图像、设置背景图像样式的方法。

任务一　在网页中插入图像

实例代码：

```
<!doctype html>
<html>
<head>
    <meta charset="utf-8">
    <title>任务一</title>
</head>
<body>
    <img src="img/navigation.jpg"  alt="武汉软件工程职业学院" title="武汉软件
工程职业学院" width="780" height="144"/>
</body>
</html>
```

实例效果图如图 6-1 所示。

一、插入页面的图像类型

在所有的图像格式中，当前 Web 上使用的最广泛的有三种格式：JPEG、GIF 和 PNG。当前的所有浏览器都支持这三种图像格式。

图 6-1　添加图像

1. JPEG 格式

JPEG 的全称是“联合图片专家组”(joint photographic experts group)，是由该专家组制定的用于连续色调(包括灰度和彩色)静止图像的压缩编码标准。JPEG 标准的压缩编码算法是“多灰度静止图像的数字压缩编码”。

JPEG 是一种有损压缩格式，能够将图像压缩在很小的储存空间，图像中重复或不重要的资料会丢失，因此容易造成图像数据的损伤。尤其是使用过高的压缩比例，将使最终解压缩后恢复的图像质量明显降低，如果追求高品质图像，不宜采用过高压缩比例。但是 JPEG 压缩技术十分先进，它用有损压缩方式去除冗余的图像数据，在获得极高的压缩率的同时能展现十分丰富生动的图像，换句话说，就是可以用最少的磁盘空间得到较好的图像品质。而且 JPEG 是一种很灵活的格式，具有调节图像质量的功能，允许用不同的压缩比例对文件进行压缩，支持多种压缩级别，压缩比例通常在 10∶1 到 40∶1 之间。压缩比例越大，品质就越低；反之，压缩比例越小，品质就越好。JPEG 格式压缩的主要是高频信息，对色彩的信息保留较好，适合应用于互联网，可减少图像的传输时间，可以支持 24 bit 真彩色，也普遍应用于需要连续色调的图像。同时，JPEG 格式不支持透明度。

JPEG 格式是目前网络上最流行的图像格式，是可以把文件压缩到最小的格式。页面上的 JPEG 通常适用于彩色照片等。

2. GIF 格式

GIF 的全称是“图形交换格式”(graphics interchange format)，是 CompuServe 公司在 1987 年开发的图像文件格式。GIF 文件的数据，是一种基于 LZW 算法的连续色调的无损压缩格式。其压缩率一般在 50%左右，它不属于任何应用程序。目前几乎所有相关软件都支持它，公共领域有大量的软件在使用 GIF 图像文件。

GIF 图像文件的数据是经过压缩的，而且是采用了可变长度等压缩算法。所以，GIF 的图像深度从 1 bit 到 8 bit，即 GIF 最多支持 256 种色彩的图像。GIF 格式的另一个特点是其在一个 GIF 文件中可以存多幅彩色图像，如果把存于一个文件中的多幅图像数据逐幅读出并显示到屏幕上，就可构成一种最简单的动画。

GIF 解码较快，因为采用隔行存放的 GIF 图像，在边解码边显示的时候可分成四遍扫描。第一遍扫描虽然只显示了整个图像的 1/8，第二遍扫描后也只显示了 1/4，但这已经把整幅图像的概貌显示出来了。在显示 GIF 图像时，隔行存放的图像会使人感觉到它的显示速度似乎要比其他图像快一些，这是隔行存放的优点。

页面上 GIF 通常适用于卡通、图形（包括带有透明区域的图形）、Logo、动画等。

3. PNG 格式

PNG 的全称是“便携式网络图形”（portable network graphics），是网上接受的最新图像文件格式。PNG 能够提供长度比 GIF 小 30％的无损压缩图像文件。它同时提供 24 位和 48 位真彩色图像支持以及其他诸多技术性支持。

PNG 和 GIF 格式一样，通常用于保持大量纯色图案或有透明度的标志之类。对于连续的颜色或重复图案，PNG 压缩效果比 GIF 更好。在 GIF 格式中，一个像素是完全透明或者完全不透明的，PNG 则支持 alpha 透明，即可以实现半透明。所以，具有半透明背景的图像通常使用 PNG 格式，可以使图像边缘更平滑、避免锯齿状。

在选择网页上的图像时，请注意以下几点。

- 为了保证所有浏览器的兼容，请选择 JPEG、PNG、GIF 这三种图像格式。
- 根据图像的需求，选择图像的格式。
- 除了考虑图像的格式，还要考虑图像文件的大小。图像文件体积越大，传输耗时越多。

二、图像标记及属性

在网页中显示图像非常简单，只需要正确使用 img 标记即可。需要注意的是，img 标记并不会在网页中复制图像，而是从网页上链接图像。浏览器会根据要显示的图像路径找到该图像并显示出来。img 标记创建的是被引用图像的占位空间。使用 img 标记的基本语法格式为：

```
<img 属性="属性值" />
```

说明：

(1) img 元素是一个空元素。

(2) img 是一个短语内容，在其前后并不会换行。

(3) HTML5 中 img 的必要属性为 src 和 alt，此外还有其他几个属性。例如：

```
<img src="img/navigation.jpg"  alt="武汉软件工程职业学院" title="武汉软件工程
职业学院" width="780" height="144" />
```

- src：指定图片来源的 URL，这个地址可以是一个相对路径，也可以是一个绝对路径。上面例子中的 src＝"img/navigation.jpg"是一个相对路径。
- alt：指定图像无法显示时的替代文字。
- title：指定当鼠标移动到图像上时出现的提示文本，也是由屏幕阅读器朗读的文本，因此它是非常重要的一个属性。
- width、height：默认情况下，页面中图像的显示大小就是图像的实际宽度和高度。我们也可以通过 width 和 height 属性来修改图像的大小,但是我们一般不这么做。如果要修改图像大小,建议使用专业的图像编辑软件。width、height 属性还可以起到占位的作用,当页面上的图像还未完全下载到本地浏览器时,可以为图像预留出它的位置,以呈现出页面的基本结构。

任务二 设置图像基本样式

实例代码:

```
<!doctype html>
<html>
<head>
    <meta charset="utf-8">
    <title>任务二</title>
    <style type="text/css">
        p{
            text-align:center;
        }
        #img1{
            border:3px solid #F00;
        }
        #img2{
            width:500px;
            height:100px;
        }
        #img3{
            width:50%;
            height:50%;
        }
    </style>
</head>
<body>
    <p><img id="img1" src="img/navigation.jpg" ></p>
    <p><img id="img2" src="img/navigation.jpg" ></p>
    <p><img id="img3" src="img/navigation.jpg" ></p>
</body>
</html>
```

实例效果图(见图 6-2):

图 6-2　设置图像样式

使用 CSS 可以给图像设置大小、边框、对齐方式等多种样式,下面就来介绍这几种样式的设置方法。

一、图像缩放

在 CSS 中控制图像缩放的方式是通过 width 和 height 两个属性来实现的,这两个属性的值可以是相对数值(相对于原尺寸的百分比)或绝对数值(像素等)。例如下面的代码:

```
/*使用像素值来设定图像的大小*/
#img2{
    width:500px;
    height:100px;
}
/*使用百分比值来设定图像的大小*/
#img3{
    width:50%;
    height:50%;
}
```

二、图像水平对齐

图像的水平对齐与文字的水平对齐都是通过 CSS 中的 text-align 属性进行设置的，分别可以实现左、中、右三种对齐效果。不过，与文字的水平对齐方式不同，图像的对齐需要通过为其父元素设置定义的 text-align 样式来达到效果。例如下面的代码：

```
/*p 元素是 img 的父标记，给 p 设定水平居中，图像即水平居中*/
p{
    text-align:center;
}
```

三、设置图像边框

可以通过 CSS 中的 border 属性来给图像添加边框。例如下面的代码：

```
/*给图像添加一个 3 像素、红色的实线边框*/
#img1{
    border:3px solid #F00;
}
```

任务三 设置图像垂直对齐

实例代码：

```
<! doctype html>
<html>
<head>
    <meta charset="utf-8">
    <title>任务三</title>
    <style type="text/css">
        .pic1{ vertical-align:baseline; }
        .pic2{ vertical-align:bottom; }
        .pic3{ vertical-align:middle;}
        .pic4{ vertical-align:sub; }
        .pic5{ vertical-align:super;}
        .pic6{ vertical-align:text-bottom; }
```

```
        .pic7{ vertical-align:text-top;}
        .pic8{ vertical-align:top;}
    </style>
</head>
<body>
    <p>垂直方式为 baseline<img class="pic1" src="img/cute.gif" /></p>
    <p>垂直方式为 bottom<img class="pic2" src="img/cute.gif" /></p>
    <p>垂直方式为 middle<img class="pic3" src="img/cute.gif" /></p>
    <p>垂直方式为 sub<img class="pic4" src="img/cute.gif" /></p>
    <p>垂直方式为 super<img class="pic5" src="img/cute.gif" /></p>
    <p>垂直方式为 text- bottom<img class="pic6" src="img/cute.gif" /></p>
    <p>垂直方式为 text- top<img class="pic7" src="img/cute.gif" /></p>
    <p>垂直方式为 top<img class="pic8" src="img/cute.gif"  /></p>
</body>
</html>
```

实例效果图(见图 6-3)：

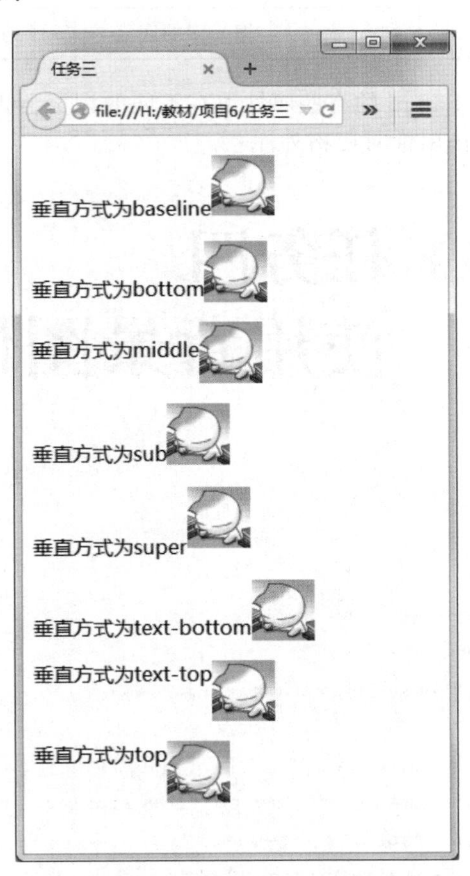

图 6-3　设置图像垂直对齐

图像垂直方向上的对齐方式主要体现在与文字搭配的情况下，尤其当图像的高度与文字高度不一致时。在CSS中使用vertical-align属性来设置图像的垂直对齐方式，其属性值参考表6-1。

表6-1　vertical-align的属性值

值	描　　述
baseline	默认。元素放置在父元素的基线上
sub	垂直对齐文本的下标
super	垂直对齐文本的上标
top	把元素的顶端与行中最高元素的顶端对齐
text-top	把元素的顶端与父元素字体的顶端对齐
middle	把此元素放置在父元素的中部
bottom	把元素的顶端与行中最低元素的顶端对齐
text-bottom	把元素的底端与父元素字体的底端对齐

需要说明的是，vertical-align的有些属性值在不同的浏览器上显示的效果不尽相同，因此在不同的浏览器上使用该属性时要格外注意。

任务四
使用背景图像

实例代码：

```
<! doctype html>
<html>
<head>
    <meta charset="utf-8">
    <title>任务四</title>
    <style type="text/css">
    body{
        background-color:#FFC;
        background-image:url(img/bg_flower.gif);
        background-repeat:no-repeat;
        background-position:right bottom;
        background-attachment:fixed;
```

```
        /* background: # FFC url (img/bg_flower.gif) no-repeat right bottom
fixed;*/
    }
    div{
        width:200px;
        height:200px;
        color:#039;
        font-size:28px;
        margin:20px;
    }
    #div1{
        background-color:#FC9;
    }
    #div2{
        background-image:url(img/cute.gif);
    }
    #div3{
        background-color:#FC9;
        background-image:url(img/cute.gif);
        background-repeat:no-repeat;/*repeat-x,repeat-y*/
    }
    #div4{
        background-color:#FC9;
        background-image:url(img/cute.gif);
        background-repeat:no-repeat;
        background-position:70%center;
    }
    </style>
</head>
<body>
    <div id="div1">div1</div>
    <div id="div2">div2</div>
    <div id="div3">div3</div>
    <div id="div4">div4</div>
</body>
</html>
```

实例效果图如图 6-4 所示。

在网页设计中，背景控制是很常见的一种技术，如果网页有很好的背景颜色搭配，可以为整体页面带来丰富的视觉效果，会深深吸引浏览者的眼球，给浏览者非常好的第一印象。除了使用纯颜色制作背景以外，还可以使用图像作为整个页面或者页面上的任何元素的背景。

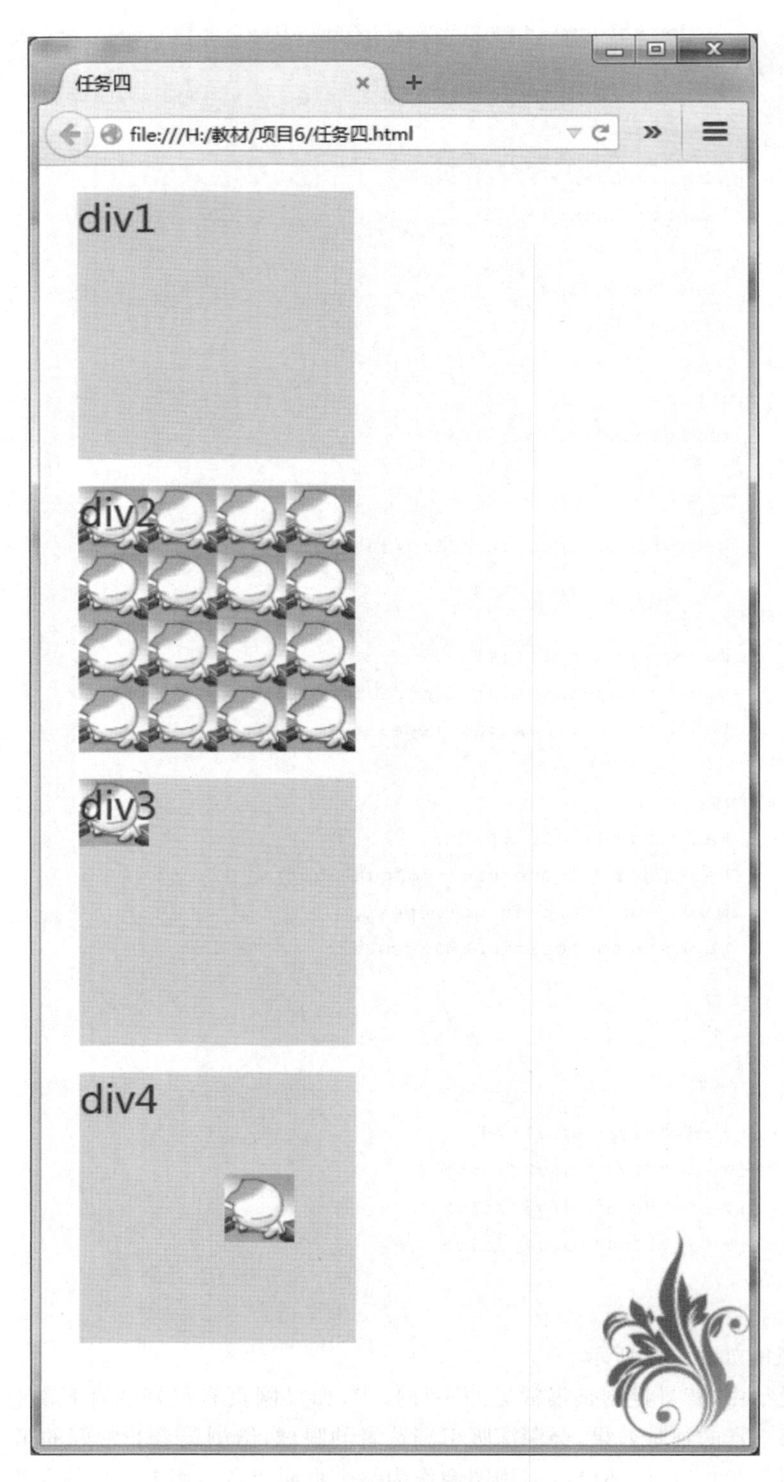

图 6-4　使用背景图像

CSS3 提供了 9 种标准背景属性及多个可选参数，如表 6-2 所示。

表 6-2　CSS 背景属性

属　　性	描　　述
background-color	设置元素的背景颜色
background-image	设置元素的背景图像
background-repeat	设置是否及如何平铺背景图像
background-position	设置背景图像的位置
background-attachment	设置背景图像是否固定或者随着页面的其余部分滚动
background	复合属性

一、background-color 背景颜色

可以使用 background-color 属性为对象添加背景颜色，例如在本任务的实例中给第一个 div 设置了背景颜色，代码如下：

```
#div1{
    background-color:#FC9;
}
```

在页面中可以给任何元素添加背景。

二、background-image 背景图像

在设计页面时，除了可以使用纯颜色作为背景，还可以使用图像作为页面元素的背景。例如在本任务的实例中给第二个 div 设置了背景图像，代码如下：

```
#div2{
    background-image:url(img/cute.gif);
}
```

使用的背景图像比元素本身小时，背景图像默认在水平和垂直方向重复。

三、background-repeat 背景重复

给元素添加的背景可以通过 background-repeat 属性来设置它的重复方式，可以有四个不同的值：no-repeat（不重复）、repeat-x（水平重复）、repeat-y（垂直重复）、repeat（默认值：水

平和垂直同时重复)。例如在本任务的实例中给第三个 div 设置了水平和垂直都不重复的背景图像,代码如下:

```
#div3{
    background-color:#FC9;
    background-image:url(img/cute.gif);
    background-repeat:no-repeat;     /*repeat-x,repeat-y*/
}
```

四、background-position 背景图像定位

通过 background-position 属性,可以更改背景图像的默认位置,从而实现精确定位。

background-position 的属性值由两个值组成:第一个值表示水平位置,第二个值表示垂直位置。如果只有一个值,那就是水平位置。这两个值可以由百分比、像素等单位值表示,还可以使用关键字,水平位置有 left、center、right,垂直位置有 top、center、bottom。

例如在本任务的实例中给第四个 div 添加了水平距左侧 70%、垂直居中的背景图像,代码如下:

```
#div4{
    background-color:#FC9;
    background-image:url(img/cute.gif);
    background-repeat:no-repeat;
    background-position:70% center;
}
```

五、background-attachment 背景图像固定

background-attachment 属性可以设置背景图像是否固定,其值可以是 scroll、fixed。scroll 是默认值,表示页面滚动时,背景图片会随着对象一起滚动。fixed 表示背景是固定的,不会随着滚动条的下拉而滚动,始终保持在固定的位置。

例如在本任务的实例中给 body 页面设置了一个位置在右下方固定的背景图像,其代码如下:

```
body{
    background-color :#FFC;
    background-image:url(img/bg_flower.gif);
    background-repeat:no-repeat;
    background-position:right bottom;
    background-attachment:fixed;
}
```

六、background 复合属性

在设置页面元素背景时，可以通过 background 一个属性设置我们上面所讲到的五个属性，例如我们将上面给 body 设置的背景改写为：

```
background:#FFCurl(img/bg_flower.gif) no-repeat right bottom fixed;
```

使用复合属性可以使我们的代码更简洁。

任务五　更多 CSS3 的背景控制

实例代码：

```
<!doctype html>
<html>
<head>
    <meta charset="utf-8">
    <title>任务五</title>
    <style type="text/css">
    div{
        width:100px;
        height:100px;
        color:#039;
        font-size:28px;
        margin:20px;
        padding:20px;
        border:10px dashed #00FFFF;

        float:left;
    }
    #div1{
        background-color:#6CF;
        background-clip:border-box;
        /*background-clip:border-box;*/
        /*background-clip:border-box;*/
    }
```

```
        #div2{
            background:url(img/bg_flower.gif) no-repeat;
            background-origin:border-box;
            /*background-origin:padding-box;*/
            /*background-origin:content-box;*/
        }
        #div3{
            background:url(img/bg_flower.gif) no-repeat;
            background-size:50px 50px;
        }
        </style>
    </head>
    <body>
        <div id="div1">div1</div>
        <div id="div2">div2</div>
        <div id="div3">div3</div>
    </body>
    </html>
```

实例效果图(见图 6-5)：

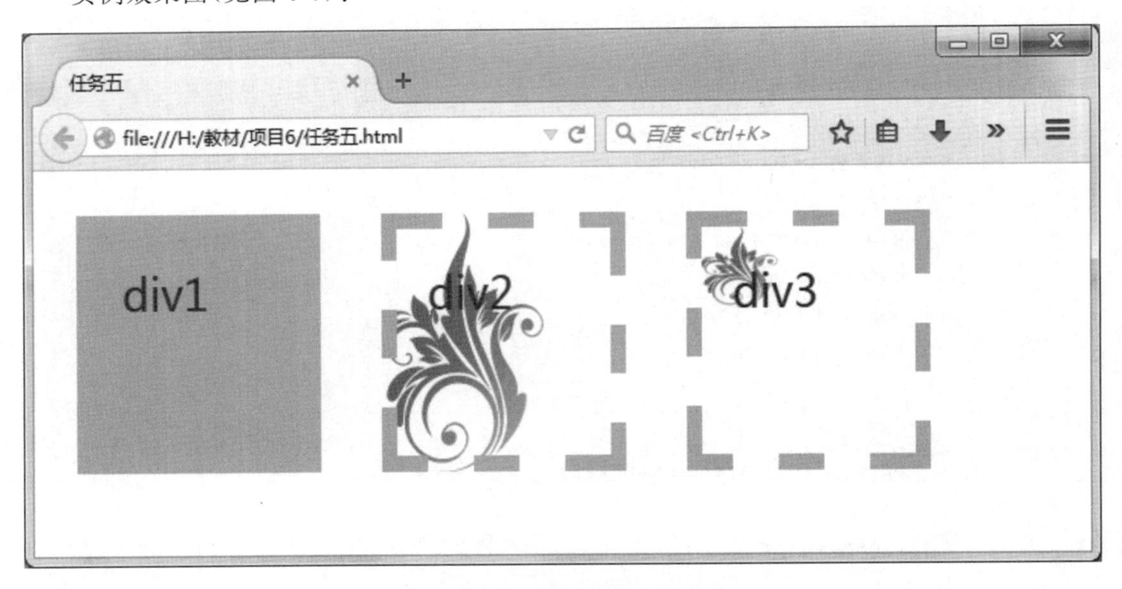

图 6-5 CSS3 背景设置

除了任务四中讲到的背景属性，CSS3 还提供了更多的背景效果。下面我们来说明三个背景属性。

一、background-clip 规定背景的显示范围

background-clip 属性规定背景的显示范围，有三个属性值，分别如下：

- border-box 表示背景显示包含边框；
- padding-box 表示背景显示包含内边距；
- content-box 表示背景显示包含内容。

边框、内边距、内容如图 6-6 所示。

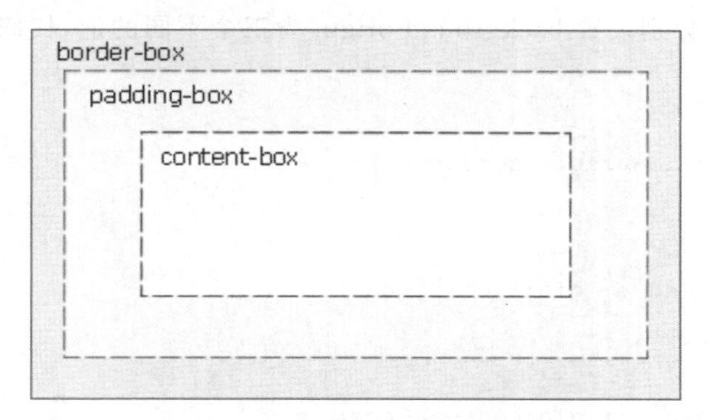

图 6-6 边框、内边距、内容区域

如果对三个 div 分别设置 background-clip 为三个不同的值，代码如下，将得到图 6-7 所示的效果。

```
#div1{
    background-clip:border-box;
}
#div2{
    background-clip:padding-box;
}
#div3{
    background-clip:content-box;
}
```

图 6-7 background-clip 属性值

二、background-origin 规定背景开始的位置

background-origin 属性规定背景开始的位置，其属性值和 background-clip 相同，有下列三个：

- border-box 表示背景从边框开始；
- padding-box 表示背景从内边距开始；
- content-box 表示背景从内容开始。

如果对三个 div 分别设置 background-origin 为三个不同的值，代码如下，将得到图 6-8 所示的效果。

```
#div1{
    background-origin:border-box;
}
#div2{
    background-origin:padding-box;
}
#div3{
    background-origin:content-box;
}
```

图 6-8　background-origin 属性值

三、background-size 规定背景图像的显示尺寸

background-size 属性规定背景图像的显示尺寸。在 CSS3 之前，背景图像的尺寸是由图像的实际尺寸决定的。在 CSS3 中，可以规定背景图像的尺寸，这就允许我们在不同的环境中重复使用背景图像。

background-size 的值有以下几种可能。

（1）contain：在显示完整图像宽度和高度的情况下，尽可能地扩大图像的尺寸。使用该值，背景图像可能不会填充整个背景区域。

（2）cover：在填充元素整个背景区域的情况下，让图像尽可能地小。使用该值，图像的一部分可能会超出元素的范围，因而不可见。

（3）一个长度、百分数或 auto。

例如下面的代码：

```
background-size:50px 50px;
/*规定不论背景图像原尺寸多少，只显示为 50px* 50px 大小*/
```

任务六 图文混排

实例代码：

```
<!doctype html>
<html>
<head>
    <meta charset="utf-8">
    <title>任务六</title>
    <style type="text/css">
    *{
          padding: 0px;
          margin: 0;
    }
    body {
          padding-top: 20px;
          background-color: #F6F6F6;
    }
    #wrapper {
          width: 850px;
          padding: 20px;
          margin:0 auto;
          border: 1px solid #CCC;
          background- color: #FFF;
    }
    img.left {
          float: left;
          padding:0 15px 15px 0;
          border-bottom: 1px #999 dotted;
          border-right: 1px #999 dotted;
          margin: 0 15px 15px 0;
```

```
    }
    img.right {
        float: right;
        padding: 0 0 15px 15px;
        border-bottom: 1px #999 dotted;
        border-left: 1px #999 dotted;
        margin: 0 0 15px 15px;
    }
    h1 {
        font-family: "黑体";
        text-align: center;
        margin: 30px 0;
        font-size: 32px;
    }
    h2 {
        font-size: 20px;
        color: #666666;
        border-bottom: 1px #999 dotted;
        padding: 15px 0;
        text-indent: 2em;
    }
    p {
        font-size: 16px;
        text-indent: 2em;
        line-height: 1.2em;
        margin: 10px 0;
    }
    </style>
</head>
<body>
    <div id="wrapper">
        <h1>HTML 与 CSS 项目化程序设计</h1>
        <img class="left" src="img/html.jpg"alt="html5" title="html5"  />
        <h2>HTML</h2>
        <p>标准通用标记语言下的一个应用 HTML 标准自 1999 年 12 月发布的 HTML4.01 后，
后继的 HTML5 和其它标准被束之高阁，为了推动 Web 标准化运动的发展，一些公司联合起来，成
立了一个叫做 Web Hypertext Application Technology Working Group (Web 超文本应用
技术工作组 - WHATWG) 的组织。WHATWG 致力于 Web 表单和应用程序，而 W3C(World Wide
Web Consortium，万维网联盟) 专注于 XHTML2.0。在 2006 年，双方决定进行合作，来创建一
个新版本的 HTML。</p>
        <p>在历经 8 年的努力，HTML5 标准规范最终制定完成了，并已公开发布。在此之前的
几年时间里，已经有很多开发者陆续使用了 HTML5 的部分技术，Firefox、Google Chrome、Op-
era、Safari 4+、Internet Explorer 9+都已支持 HTML5，但直到今天，我们才看到“正式版”。
```

```
HTML5将会取代1999年制定的HTML 4.01.XHTML 1.0标准，以期能在互联网应用迅速发展的时候，使网络标准达到符合当代的网络需求，为桌面和移动平台带来无缝衔接的丰富内容。</p>
        <img class="right" src="img/css.jpg" alt="css3" title="css3"  />
        <h2>CSS</h2>
        <p>CSS即层叠样式表(CascadingStyleSheet)。在网页制作时采用层叠样式表技术，可以有效地对页面的布局、字体、颜色、背景和其它效果实现更加精确的控制。只要对相应的代码做一些简单的修改，就可以改变同一页面的不同部分，或者页数不同的网页的外观和格式。CSS3是CSS技术的升级版本，CSS3语言开发是朝着模块化发展的。以前的规范作为一个模块实在是太庞大而且比较复杂，所以，把它分解为一些小的模块，更多新的模块也被加入进来。这些模块包括：盒子模型、列表模块、超链接方式 、语言模块 、背景和边框 、文字特效 、多栏布局等。</p>
        <p>早在 2001 年 5 月，W3C 就着手开始准备开发 CSS 第三版规范。CSS3 规范一个新的特点是规范被分为若干个相互独立的模块。一方面分成若干较小的模块较利于规范及时更新和发布，及时调整模块的内容。另外一方面，由于受支持设备和浏览器厂商的限制，设备或者厂商可以有选择地支持一部分模块，支持 CSS3 的一个子集。这样将有利于 CSS3 的推广。相信这对以前 CSS 支持混乱的局面将会有所改观。</p>
    </div>
</body>
</html>
```

实例效果图(见图 6-9)：

图 6-9　图文混排

制作图 6-9 所示的图文混排页面，基本步骤如下。

(1) 完成 HTML 基本结构。

① 新建页面，在 title 标记中输入“任务六”作为页面标题。

② 观察整个页面内容，根据语义来选择使用哪个标记。为了方便设置整个页面内容的样式，使用 id 为 wrapper 的 div 将所有元素包裹起来。“HTML 与 CSS 项目化程序设计”使用 h1，下方的标题使用 h2。

完成的 HTML 代码如下：

```
<body>
    <div id="wrapper">
      <h1>HTML与CSS项目化程序设计</h1>
      <img class="left" src="img/html.jpg" alt="html5" title="html5"  />
      <h2>HTML</h2>
        <p>标准通用标记语言下的…</p>
        <p>在历经8年的努力，HTML5标准规范最终…</p>
      <img class="right" src="img/css.jpg" alt="css3" title="css3"  />
      <h2>CSS</h2>
      <p>CSS即层叠样式表(CascadingStyleSheet)。在…</p>
      <p>早在2001年5月…</p>
      </div>
</body>
```

(2) 在 head 头部添加 CSS 样式。

① 设置 body 和整个页面的样式。

```
*{
        padding: 0px;
        margin: 0;
}
body {
        padding-top: 20px;
        background-color: #F6F6F6;
}
#wrapper {
        width: 850px;
        padding: 20px;
        margin:0 auto;
        border: 1px solid #CCC;
        background-color: #FFF;
}
```

② 分别设置居左图片和居右图片的属性。

```
img.left {
          float: left;
          padding:0 15px 15px 0;
          border-bottom: 1px #999 dotted;
```

```
        border-right: 1px #999 dotted;
        margin: 0 15px 15px 0;
}
img.right {
        float: right;
        padding: 0 0 15px 15px;
        border-bottom: 1px #999 dotted;
        border-left: 1px #999 dotted;
        margin: 0 0 15px 15px;
}
```

③为 h1.h2.p 元素添加样式。

```
h1 {
        font-family: "黑体";
        text-align: center;
        margin: 30px 0;
        font-size: 32px;
}
h2 {
        font-size: 20px;
        color: #666666;
        border-bottom: 1px #999 dotted;
        padding: 15px 0;
        text-indent: 2em;
}
p {
        font-size: 16px;
        text-indent: 2em;
        line-height: 1.2em;
        margin: 10px 0;
}
```

最终完成的效果如图 6-9 所示。

项目七　超 级 链 接

项目导读

超级链接又称为超链接或链接，在本质上属于一个网页的一部分，它是一种允许我们同其他网页或站点之间进行连接的元素。各个网页链接在一起，才能真正构成一个网站。没有超级链接，每个页面都只能独立存在，同其他页面完全分开。本项目将介绍超级链接的标记及超级链接的分类和应用。

任务一　超级链接的标记及基本属性

实例代码：

```
<!doctype html>
<html lang="en">
<head>
    <meta charset="utf-8"/>
    <title> 任务一</title>
</head>
<body>
    <p><a href="http://www.whvcse.com/" target="_blank" name="whvcse" title
="武软首页"  accesskey="s"> 武汉软件工程职业学院</a></p>
    <p><a href="doc/学校简介.doc"> 打开 doc 文档</a></p>
    <p><a href="img/big1.jpg"><img src="img/small1.jpg"></a></p>
    <p><a href="jsj.html"> 计算机学院</a></p>
    <p><a href="img/log.jpg"> 打开图像</a></p>
    <p><a href="../img/banner.jpg"> 打开图像</a></p>
</body>
</html>
```

实例效果图如图 7-1 所示。

网络上的页面通过超链接建立起相互的关系，超链接是网页中最重要、最根本的元素。

图 7-1　超级链接的标记及基本属性

超链接由链接对象和链接目标构成，当用户单击链接对象时，浏览器就会从相应的链接目标地址检索到具体内容并显示在浏览器窗口中。

一、超级链接的标记及基本属性

超级链接的标记是 a 标记，其基本语法结构为：

```
<a href="链接目标"> 链接对象</a>
```

例如下面的代码：

```
<!—单击文本“武汉软件工程职业学院”跳转到网址“http://www.whvcse.com/”-->
<a href="http://www.whvcse.com/"> 武汉软件工程职业学院</a>
```

说明：

(1)a 元素是一个短语内容，前后不会换行。

(2)a 标记中有一个重要的属性 href，href 后面双引号中的内容是链接的目标地址。这个目标可以是另一个网页，也可以是网页上的不同位置，还可以是一个图片、一个电子邮件地址、一个文件，甚至是一个应用程序。例如：

```
<!—链接目标是一个 doc 文档-->
<a href="doc/学校简介.doc"> 打开 doc 文档</a>
```

(3)a 元素所标记的内容是链接对象。链接对象可以是一段文本、一个图像等内容。浏览者单击链接对象后，链接目标将显示在浏览器上，并且根据目标的类型来打开或运行。例如：

```
<!—链接对象是一个图像-->
<a href="img/big1.jpg"><img src="img/small1.jpg"></a>
```

二、内部链接与外部链接

根据链接目标的不同，href属性后的链接目标地址可以是相对路径或者绝对路径。

绝对路径是完全路径，一般用来链接到网络上其他站点的某个页面或其他类型文件，我们称之为外部链接。

相对路径是指以当前文件为起点，即相对当前文件与所链接的目标文件之间的简化路径。它利用的是构建链接的两个文件之间的相对关系，不受站点文件夹所处位置的影响，在书写形式上省略了两个文件绝对地址中的相同部分。相对链接适合同一网站内部的链接，我们称之为内部链接。

下面是几个使用内部链接和外部链接的实例：

```
<!—外部链接-->
<a href="http://www.whvcse.com/"> 武汉软件工程职业学院</a>
<!—内部链接-->
<!—链接目标 jsj.html 和当前页面在同一级目录下-->
<a href="jsj.html"> 计算机学院</a>
<!—链接目标 log.jpg 在当前页面同级目录下的 img 文件夹中-->
<a href="img/log.jpg> "> 打开图像</a>
<!—链接目标 banner.jpg 在当前页面向上返回一级目录中的 img 文件夹中-->
<a href="../img/banner.jpg> "> 打开图像</a>
```

三、超级链接标记的其他属性

超级链接标记除了href属性（链接目标地址）外还有其他几个常用属性，如表7-1所示。

表7-1　a标记的其他常用属性

属　性　名	属　性　值
name	链接名称
title	链接提示文字
target	链接目标窗口
accesskey	链接热键

例如下面的代码：

```
<a href="http://www.whvcse.com/" target="_blank" name="whvcse" title="武软
首页" accesskey="s"> 武汉软件工程职业学院</a>
```

说明：

(1) target 属性用来指定链接的目标窗口，在默认情况下，会在原来的浏览器窗口中打开，也可以通过 target 属性修改。例如，target="_blank"表示在新的窗口中打开链接文档。

(2) accesskey 属性规定激活(使元素获得焦点)元素的快捷键。使用时通过 Alt+accesskey(或者 Shift+Alt+accesskey)来访问。

任务二 其他类型超级链接

实例代码：

```
<!doctype html>
<html lang="en">
<head>
    <meta charset="utf-8"/>
    <title> 任务二</title>
</head>
<body>
    <h1> 其它类型超级链接</h1>
    <ul>
        <li><a href="#"> 空链接</a></li>
        <li><a href="mailto: whvcse2014@126.com"> 电子邮件链接</a></li>
        <li><a href="run.exe"> 下载文件链接</a></li>
    </ul>
</body>
</html>
```

实例效果图如图 7-2 所示。

超级链接的链接目标除了任务一中所用到的网页文件、图像文件等类型文件外，还有下面几种情况。

一、空链接

所谓空链接，是指链接目标为空，用“#”表示。在鼠标单击链接对象后，页面仍然停留在当前页面，但链接对象具有超级链接的各种样式。其基本格式为：

图 7-2 其他类型超级链接

```
<a href="#"> 链接对象</a>
```

例如：

```
<a href="#"> 空链接</a>
```

二、电子邮件链接

在页面上创建电子邮件链接，可以让网页浏览者快速地与设计者联系。当鼠标单击链接对象时，浏览者计算机系统中默认的电子邮件客户端软件如 Foxmail 等将自动打开。其基本格式为：

```
<a href="mailto:电子邮件地址"> 链接对象</a>
```

例如：

```
<a href="mailto: whvcse2014@126.com"> 电子邮件链接</a>
```

三、下载文件链接

当链接目标是.zip、.mp3、.exe 等类型的文件时，鼠标单击链接对象后将会得到下载提示。

例如：

```
<a href="run.exe"> 下载文件链接</a>
```

单击文本“下载文件链接”将会得到图 7-3 所示的结果。

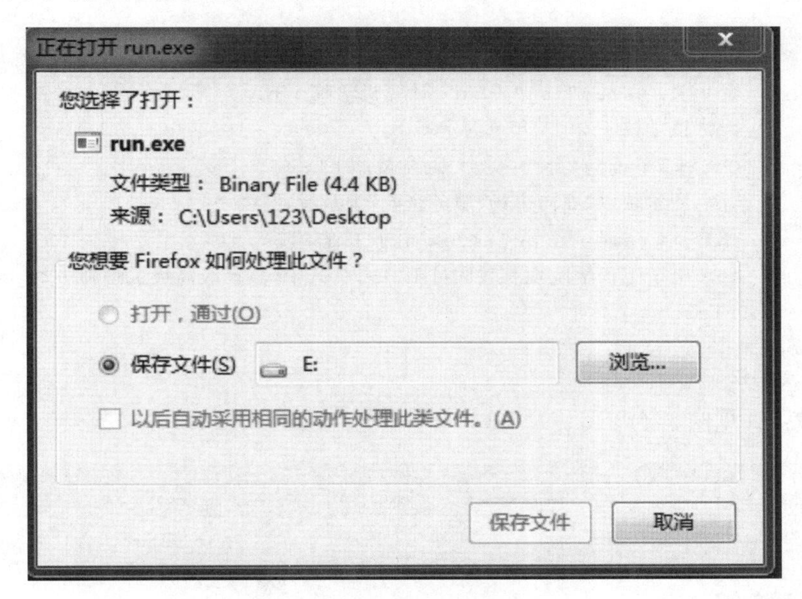

图 7-3　下载文件链接

任务三　锚点链接

实例代码：

```
<!doctype html>
<html lang="en">
<head>
    <meta charset="utf-8"/>
    <title>任务三</title>
</head>
<body>
    <article>
        <h1>院系介绍</h1>
        <ul>
            <li><a href="#jsj">计算机学院</a></li>
            <li><a href="#sx">商学院</a></li>
            <li><a href="#dzgc">电子工程学院</a></li>
```

```
            </ul>
        </article>
        <article>
            <h1><a name="jsj"></a> 计算机学院</h1>
            <p> 该学院于 2011 年 3 月…</p>
            <h1><a name="sx"></a> 商学院</h1>
            <p> 商学院以“面向市场、服务企业”为宗旨,围绕…</p>
            <h1><a name="dzgc"></a> 电子工程学院</h1>
            <p> 电子工程学院现有教职员工 55 人,其中,教授级高级工程师…</p>
        </article>
    </body>
    </html>
```

实例效果图(见图 7-4):

图 7-4　锚点链接

锚点链接又称为书签链接。在浏览网页的时候,如果页面内容过长,需要不断地拖动滚动条才能看到所有内容,这时可以在该网页上建立书签目录,单击目录上的某一项就能自动跳到该目录项对应的网页位置。

创建锚点链接分为两个步骤：先在跳转的目的地创建锚点，然后给链接对象建立链接。

一、创建锚点

创建锚点的基本格式为：

```
<a name="锚点名称"></a>
```

说明：

（1）锚点名称可以是数字或英文，也可以是中文。

（2）同一个页面中可以有多个锚点，但是不能有相同名称的两个锚点。

例如，本任务的实例中创建了三个锚点，代码如下：

```
<h1><a name="jsj"></a> 计算机学院</h1>
<h1><a name="dzgc"></a> 电子工程学院</h1>
<h1><a name="sx"></a> 商学院</h1>
```

二、建立链接

建立链接的基本格式为：

```
<a href="#跳转的锚点名称"> 链接对象</a>
```

说明：

（1）和普通超级链接的区别是，href 属性中的链接目标是“#”加上锚点名称。例如本任务的实例中建立了三个跳转到锚点的链接，代码如下：

```
<li><a href="#jsj"> 计算机学院</a></li>
<li><a href="#sx"> 商学院</a></li>
<li><a href="#dzgc"> 电子工程学院</a></li>
```

（2）锚点链接不但可以在同一个页面中实现，也可以在不同的页面中实现。只需要在链接目标的“#”前加上链接目标网页的地址。例如：

```
<a href="other.html#bottom"> 跳转到 other.html 中的锚点链接</a>
```

任务四 设置超级链接样式

实例代码：

```
<!doctype html>
<html lang="en">
```

```
<head>
    <meta charset="utf-8"/>
    <title> 任务四</title>
    <style type="text/css">
        a{
            font-size:28px;
            text-decoration:none;
        }
        a:link{
            color:#ff0000;
        }
        a:visited{
            color:#0000ff;
        }
        a:hover{
            color:#00ff00;
        }
        a:active{
            color:#000000;
        }
    </style>
<body>
    <a href="#"> 使用设置超级链接样式</a>
</body>
</html>
```

实例效果图(见图 7-5 和图 7-6)：

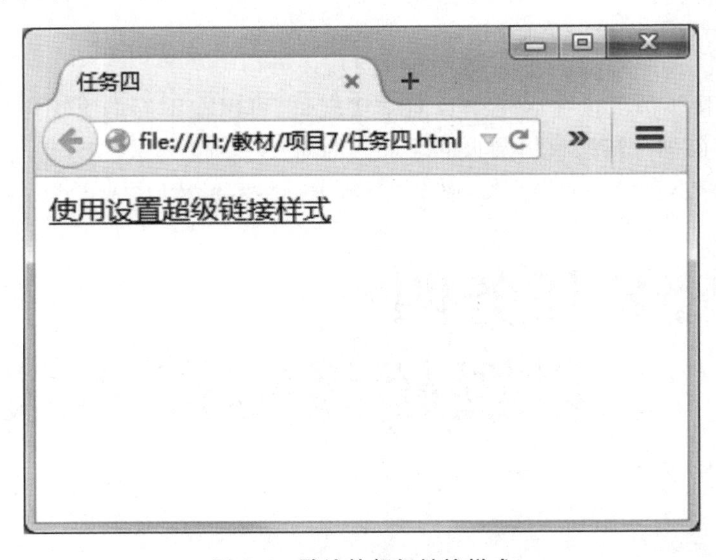

图 7-5　默认的超级链接样式

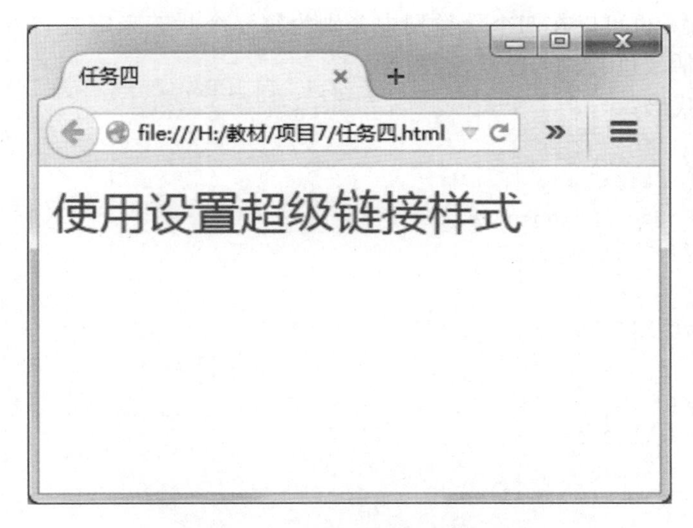

图 7-6　使用 CSS 设置超级链接样式

页面中的超级链接对象有一些默认的样式，比如文本加下划线，文本颜色是蓝色，图像加边框，鼠标移动到链接对象上会变成手形等。我们可以通过 CSS 来改变这些默认的样式。

一、链接状态

页面中的链接对象有四个不同的状态，分别如下：

- 链接未被访问过；
- 鼠标移动到链接上；
- 鼠标单击在链接上；
- 链接被访问过。

CSS 针对这四个链接状态，设置了伪类别，其属性如表 7-2 所示。

表 7-2　超级链接的 CSS 伪类别属性

属　性　值	说　　明
a:link	链接未被访问过，即浏览页面的初始样式
a:visited	链接被访问过的样式
a:hover	鼠标移动到链接上时的样式
a:active	鼠标单击在链接上时的样式

二、设置样式

使用 CSS 设置超级链接样式，可以直接针对 a 标记进行定义，这样定义的样式应用于超级链接的所有状态，也可以在四个伪类别中分别为每一个状态来定义。为超级链接设置的CSS 属性一般包括颜色、大小、边框、边距等。

例如下面的代码：

```
a{
    font-size:28px;
    text-decoration:none;
}
a:link{
    color:#ff0000;
}
a:visited{
    color:#0000ff;
}
a:hover{
    color:#00ff00;
}
a:active{
    color:#000000;
}
```

需要注意的是：在设置四个伪类别状态时，a:visited 必须放在 a:link 后，且放在其他两个伪类别前边，否则在页面上得不到所想要的样式效果。另外，a:active 一般很少使用。

任务五 图像映射链接

实例代码：

```
<!doctype html>
<html lang="en">
<head>
    <meta charset="utf-8"/>
    <title> 任务五</title>
</head>
<body>
    <img src="img/湖北省地图.jpg"usemap="#湖北省地图">
      <map name="湖北省地图">
        <area shape="poly"coords="272,111,257,114,257,137,248,132,238,157,
249,162,259,174,270,173,270,154,277,148,293,130,273,129"href="wuhan.html"
```

```
target="_self"alt="武汉">
    </map>
</body>
</html>
```

实例效果图(见图 7-7)：

图 7-7　图像映射链接

图像映射链接是指将一副图像划分成多个不同的区域(称为热区)，并且为每个区域指定一个单独的超级链接。

图像映射分为服务器端图像映射和客户端图像映射。服务器端图像映射是将单击的热区的坐标发送给服务器，由服务器的脚本来决定；客户端图像映射的热区则由客户端代码实现。

客户端图像映射链接的基本语法结构为：

```
<img src="图像地址"usemap="映射图像名称"/>
<map name="映射图像名称">
    <area shape="热区形状"coords="热区坐标"href="链接地址"target="热区链接目标"alt="热区替换文字">
    <area…>
</map>
```

说明：

(1) img 标记的属性 usemap 值是映射图像名称，它是自定义名称。map 标记中的映射图像名称和它对应一致。

（2）map 标记中的 area 标记用来定义热区。在一个 map 中可以定义一个或多个热区。

（3）area 标记中的 shape 属性定义热区的形状，它的值有 rect(矩形)、circle(圆形)、poly(多边形)三种。

（4）area 标记中的 coords 值取决于 shape 值。如果 shape 是 rect，则 coords 由热区的左上角和右下角的坐标值构成；如果 shape 是 circle，则 coords 由圆心坐标和半径的值构成；如果 shape 是 poly，coords 则由多边形的每个顶点的坐标值构成。热区的坐标值可以通过其他软件定位获得，比如 Dreamweaver 等。

任务六 导航菜单

实例代码：

```
<!doctype html>
<html>
<head>
    <meta charset="utf-8">
    <title> 任务六</title>
    <style type="text/css">
        .mainnav{
            background-color:#99F;
            width:100% ;
        }
        .mainnav ul{
            font-size:12.5px;
            font-weight:bold;
            margin-left:30px;
            padding:6px 0;
        }
        .mainnav li{
            display:inline;
            padding:0 20px;
            border-right:1px solid#88180f;
        }
        .mainnav a{
```

```
            color:#FFF;
            text-decoration:none;
        }
    </style>
</head>
<body>
    <nav class="mainnav"role="navigation">
        <ul>
            <li><a href="#"> 首页</a></li>
            <li><a href="#"> 院系设置</a></li>
            <li><a href="#"> 教学管理</a></li>
            <li><a href="#"> 招生就业</a></li>
            <li><a href="#"> 学工在线</a></li>
            <li><a href="#"> 校园风采</a></li>
            <li><a href="#"> 教工之家</a></li>
            <li><a href="#"> 图书馆</a></li>
        </ul>
    </nav>
</body>
</html>
```

实例效果图(见图 7-8)：

图 7-8　使用列表实现导航菜单

对于一个网站来说，导航菜单是不可缺少的。网页导航表现为网页的栏目菜单设置、辅助菜单、其他在线帮助等形式。网页导航设置是在网页栏目结构的基础上，进一步为用户浏览网页提供的提示系统。例如，图 7-9 和图 7-10 所示都是页面中的导航栏。

图 7-9　武汉软件工程职业学院首页导航栏

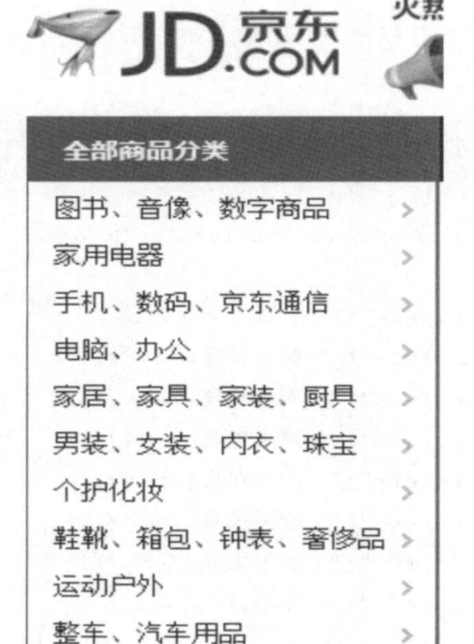

图 7-10 京东首页导航栏

通常导航栏是通过列表来组织的，如果要实现美的外观效果，可以使用图像或者CSS来实现。

本任务的实例就是一个用列表和超级链接实现的导航，具体步骤如下。

(1) 在body中添加导航元素nav标记，代码如下：

```
<nav class="mainnav"role="navigation">
</nav>
```

(2) 在nav元素标记内容中添加无序列表ul，添加后的代码如下：

```
<nav class="mainnav"role="navigation">
    <ul>
        <li><a href="#"> 首页</a></li>
        <li><a href="#"> 院系设置</a></li>
        <li><a href="#"> 教学管理</a></li>
        <li><a href="#"> 招生就业</a></li>
        <li><a href="#"> 学工在线</a></li>
        <li><a href="#"> 校园风采</a></li>
        <li><a href="#"> 教工之家</a></li>
```

```
            <li><a href="#">图书馆</a></li>
        </ul>
    </nav>
```

在浏览器中的效果如图 7-11 所示。

图 7-11 导航栏 html 结构图

(3) 在 head 头部添加 CSS 样式,将列表变成水平导航栏。CSS 代码如下:

```
<style type="text/css">
/*设置整个导航的背景颜色及宽度*/
.mainnav{
    background-color:#99F;
    width:100% ;
}
/*设置整个列表的样式*/
.mainnav ul{
    font-size:12.5px;
    font-weight:bold;
    margin-left:30px;
    padding:6px 0;
}
/*设置每个列表项的样式*/
.mainnav li{
    display:inline;/*让列表项在同一行内显示*/
    padding:0 20px;
    border-right:1px solid#88180f;
}
```

```
    /*设置超级链接的样式*/
    .mainnav a{
        color:#FFF;        text-decoration:none;
    }
</style>
```

最终完成的导航效果图如图 7-8 所示。

为了进一步掌握导航栏的制作，下面再介绍一个导航栏的实例，代码如下：

```
<!doctype html>
<html lang="en">
<head>
    <meta charset="utf-8"/>
    <title> 任务六</title>
    <style type="text/css">
        nav{
            width:180px;
        }
        nav ul{
            list-style:none;
        }
        nav li{
            border-bottom:#ed9f9f 1px solid;
        }
        nav li a {
            border-right:#711515 1px solid;
            border-left:#711515 12px solid;
            padding:0 0px 5px 10px;
            display:block;
            text-decoration:none;
        }
        nav li a:link{
            color:#ffffff;
            background-color:#c11136
        }
        nav li a:visited{
            color:#ffffff;
            background-color:#c11136
        }
            nav li a:hover{
            color:#ffff00;
```

```
            background-color:#990020
            }
    </style>
    </head>
    <body>
        <nav>
            <ul>
                <li><a href="#"> 计算机学院</a></li>
                <li><a href="#"> 商学院</a></li>
                <li><a href="#"> 电子工程学院</a></li>
                <li><a href="#"> 机械学院</a></li>
            </ul>
        </nav>
    </body>
    </html>
```

实例效果图如图 7-12 所示。

图 7-12　导航栏

项目八 表 格

项目导读

网页制作技术的前期阶段是利用表格来布局网页的，但是随着 Web 标准技术的日益成熟和普及，表格布局网页的方法已不提倡。表格着重用于在 HTML 页上显示表格式数据，如常见的股票行情的数据列表、产品销售表等。

任务一 表格的基本结构

实例代码：

```
<!doctype html>
<html>
<head>
   <meta charset="utf-8">
   <title> 任务一</title>
</head>
<body>
   <table border="1">
   <caption> 项目实施</caption>
   <thead>
      <tr>
         <th> 项目责任</th>
         <th> 技术主管、服务主管</th>
      </tr>
   </thead>
   <tfoot>
      <tr>
         <td> 项目启动时间</td>
         <td> 2015 年 10 月 10 日</td>
```

```
            </tr>
        </tfoot>
        <tbody>
            <tr>
                <td> 项目协作人</td>
                <td> 售后经理、人事经理</td>
            </tr>
            <tr>
                <td> 项目实施人</td>
                <td> 维修技师、服务顾问、客服专员</td>
            </tr>
            <tr>
                <td> 项目周期</td>
                <td> 10 个月</td>
            </tr>
            <tr>
                <td> 项目实施店</td>
                <td> 运营店</td>
            </tr>
        </tbody>
    </table>
</body>
```

实例效果图(见图 8-1)：

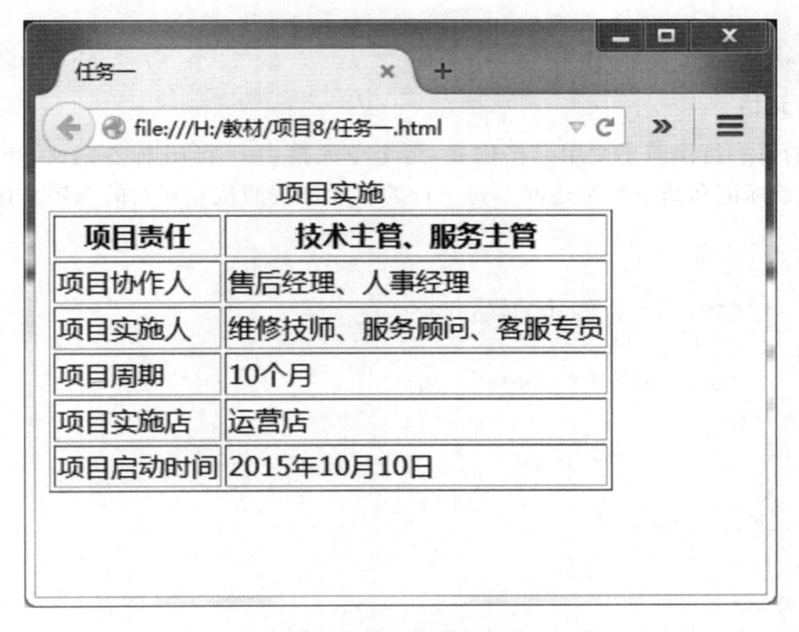

图 8-1 表格的基本结构

一、表格基本标记

HTML 表格一般通过三个标记来创建，分别是 table、tr、td。下面我们分别来介绍这些标记的使用。

1. table 表格

table 标记代表一个表格，table 开始标记和结束标记之间的所有内容都属于这个表格。例如：

```
<table>
…表格内容
</table>
```

2. tr 行

每个表格由若干行构成，每行由一个 tr 标签来定义，表格行按照从上到下的顺序描述。例如：

```
<table>
    <tr>
    …第一行内容
    </tr>
    …
    <tr>
    …最后一行内容
    </tr>
</table>
```

3. td 单元格

表格中的每一行由若干个单元格构成，每个单元格由一个 td 标签定义，单元格中的内容放在 td 开始标记和结束标记之间。每一行的单元格按照从左到右的顺序描述，例如：

```
<table>
    <tr>
        <td> 第一个单元格内容</td>
        …
        <td> 最后一个单元格内容</td>
    </tr>
    …
    <tr>
    …最后一行内容
    </tr>
</table>
```

单元格中可以包含文本、图片、列表、段落、表单、水平线、表格等。

二、表格其他标记

除了上面介绍的三个重要表格标记，表格还有其他一些标记可以描述表格的信息，下面我们来介绍几个常用表格标记。

1. th 表头

表头是对表格行或列的归类，一般用于表格的第一行或第一列。例如本任务实例表格中的第一列是对每一行的归类。表头其实是一种特殊的单元格，我们用 th 标签表示表头，它在浏览器中的默认样式是加粗和居中。例如：

```
<th> 项目责任</th>
```

2. caption 表格标题

caption 标签用于标记表格的标题。表格的标题不会显示在表格的框线范围之内，但仍应看作是表格的组成部分，它位于整个表格的上方，默认居中显示。例如：

```
<caption> 项目实施</caption>
```

3. thead、tbody、tfoot

从表格的结构来看，我们可以把表格分成头部、主题、脚注三个部分，HTML 分别用 thead、tbody、tfoot 这三个元素来表示，这三个元素使我们有能力对表格中的行进行分组。一个表格的结构可能会包含一个标题行、一些带有数据的行及位于底部的一个总计行。这种划分使浏览器有能力支持独立于表格标题和脚注的表格正文滚动。当长的表格被打印时，表格的表头和脚注可被打印在包含表格数据的每张页面上。

这三个标记对表格在浏览器中的外观显示没有任何效果，但是它们给表格赋予了结构上的含义，有利于标记的语义化。搜索引擎或其他系统可以更好地理解网页的内容，同时也可以更方便地使用 CSS 来定义表格的样式。

需要注意的是，如果使用 thead、tfoot 及 tbody 元素，就必须使用全部的元素。它们的出现次序是 thead、tfoot、tbody，这样浏览器就可以在收到所有数据前呈现脚注了。其基本结构如下：

```
<table>
    <caption></caption>
    <thead>
    …
    </thead>
    <tfoot>
    …
    </tfoot>
    <tbody>
    …
    </tbody>
</table>
```

任务二 跨行跨列的表格

实例代码：

```
<!doctype html>
<html>
<head>
    <meta charset="utf-8">
    <title>任务二</title>
</head>
<body>
    <tableborder="1">
        <caption>国家与球队表</caption>
        <tr>
            <th colspan="2">意大利</th>
            <th colspan="2">英格兰</th>
            <th colspan="2">西班牙</th>
        </tr>
        <tr>
            <td>AC米兰</td>
            <td>佛罗伦萨</td>
            <td>曼联</td>
            <td>纽卡斯尔</td>
            <td>巴塞罗那</td>
            <td>皇家社会</td>
        </tr>
    </table>
    <br>
    <tableborder="1">
        <caption>国家与球队表</caption>
        <tr>
            <th rowspan="2">意大利</th>
            <td>AC米兰</td>
        </tr>
        <tr>
            <td>佛罗伦萨</td>
```

```
            </tr>
            <tr>
              <th rowspan="2"> 英格兰</th>
              <td> 曼联</td>
            </tr>
            <tr>
              <td> 纽卡斯尔</td>
            </tr>
            <tr>
              <th rowspan="2"> 西班牙</th>
              <td> 巴塞罗那</td>
            </tr>
            <tr>
              <td> 皇家社会</td>
            </tr>
        </table>
    </body>
    </html>
```

实例效果图(见图 8-2)：

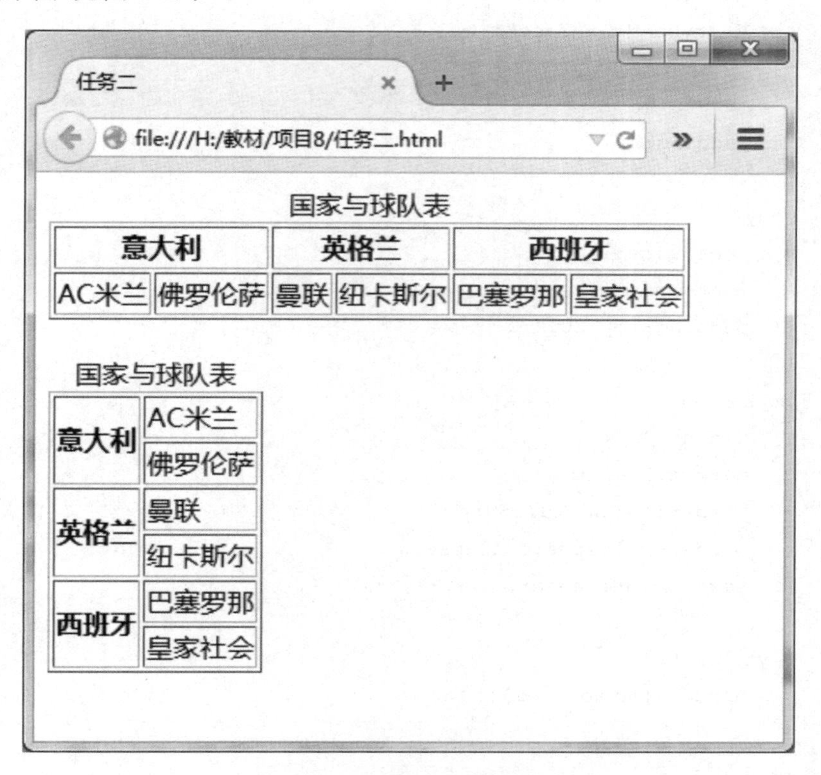

图 8-2 跨行跨列的表格

在表格中常常有一种特殊的单元格，它们在垂直或水平方向占据多行或多列，简单来说，就是将垂直或水平方向的多个单元格合并成一个单元格，即合并单元格。在td标记中，使用rowspan属性可以实现跨行，使用colspan属性可以实现跨列。例如：

```
<td colspan="2"> …</td>    /* 该单元格跨两列*/
<td rowspan="2"> …</td>    /*该单元格跨两行*/
```

任务三 使用CSS美化表格

实例代码：

```
<!doctype html>
<html>
<head>
    <meta charset="utf-8">
    <title> 任务三</title>
    <style type="text/css">
    *{
        margin:0;
        padding:0;
    }
    body{
        font-size:14px;
        font-family:Verdana,Geneva,sans-serif;
        padding-top:20px;
    }
    .mytable{
        width:400px;
        margin:0 auto;
        border:1px solid#333;
        border-collapse:collapse;
        text-align:center;
    }
    .mytable tr{
        border:1px solid #333;
    }
    .mytable td{
        border:1px solid#333;
```

```
}
    .mytable th{
        border:1px solid#333;
        padding:10px 0;
    }
    .mytable caption{
        font-size:20px;
        color:#00F;
        padding:10px;
    }
    .mytable thead{
        background:#999;
    }
    .mytable tfoot{
        background:#999;
    }
    .mytable tbody{
        background:#CCC;
    }
    </style>
</head>
<body>
    <table class="mytable">
    <caption> 项目实施</caption>
    <thead>
        <tr>
            <th> 项目责任</th>
            <th> 技术主管、服务主管</th>
        </tr>
    </thead>
    <tfoot>
        <tr>
            <td> 项目启动时间</td>
            <td> 2015 年 10 月 10 日</td>
        </tr>
    </tfoot>
    <tbody>
        <tr>
            <td> 项目协作人</td>
```

```
            <td> 售后经理、人事经理</td>
        </tr>
        <tr>
            <td> 项目实施人</td>
            <td> 维修技师、服务顾问、客服专员</td>
        </tr>
        <tr>
            <td> 项目周期</td>
            <td> 10 个月</td>
        </tr>
        <tr>
            <td> 项目实施店</td>
            <td> 运营店</td>
        </tr>
    </tbody>
    </table>
</body>
```

实例效果图(见图 8-3)：

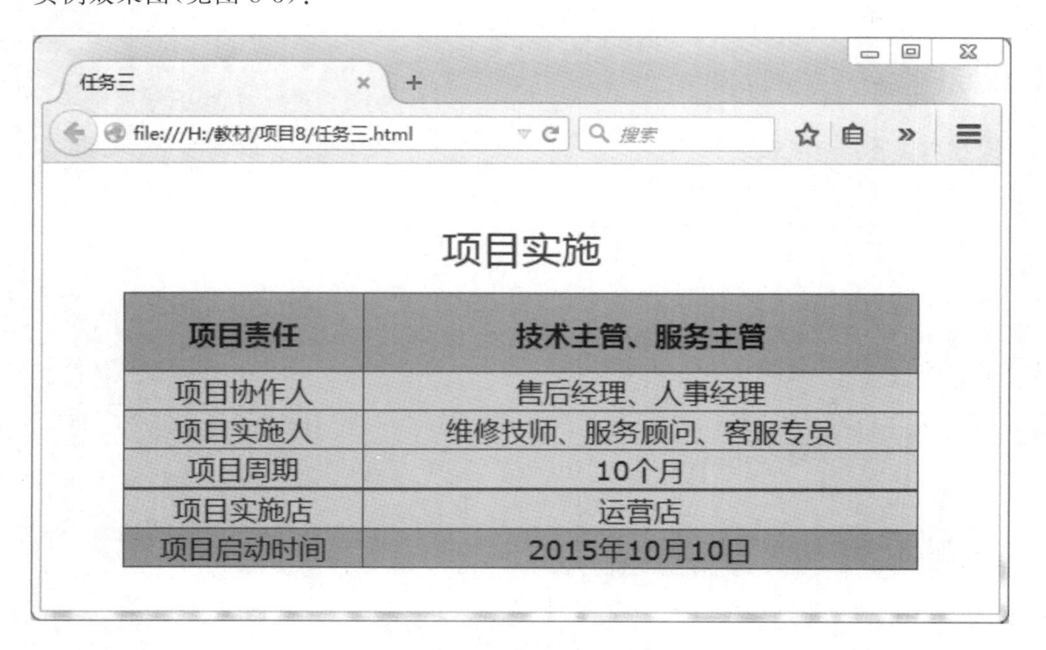

项目责任	技术主管、服务主管
项目协作人	售后经理、人事经理
项目实施人	维修技师、服务顾问、客服专员
项目周期	10个月
项目实施店	运营店
项目启动时间	2015年10月10日

图 8-3　使用 CSS 美化表格

前面的任务中所讲到的标记主要用于描述表格的结构，而表格的样式可以使用 CSS 来美化。例如在本任务的实例中，用到了 width、border 等 CSS 样式，下面来分别说明。

一、设置页面 body 的样式

```
/*将页面所有元素的内边距及外边距设为 0*/
*{
    margin:0;
    padding:0;
}
/*设置页面所有文本的字体及大小,页面的内边距*/
body{
    font-size:14px;
    font-family:Verdana,Geneva,sans-serif;
    padding-top:20px;
}
```

二、设置整个表格的样式

```
.mytable{
    width:400px;/*设置表格的宽度*/
    margin:0 auto;/*设置表格居中显示*/
    border:1px solid#333;/*设置表格边框*/
    border-collapse:collapse;/*设置表格边框重叠*/
    text-align:center;/*设置表格内文本居中显示*/
}
```

三、设置表格行、单元格及表头的边框

```
.mytable tr{
    border:1px solid#333;
}
.mytable td{
    border:1px solid#333;
}
.mytable th{
    border:1px solid#333;
}
```

四、设置表头的内边距

```
.mytable th{
    padding:10px 0;
}
```

五、设置表格标题的字体、颜色及内边距

```
.mytable caption{
    font-size:20px;
    color:#00F;
    padding:10px;
}
```

六、设置表格头部、主体及注脚的背景颜色

```
.mytable thead{
    background:#999;
}
.mytable tfoot{
    background:#999;
}
.mytable tbody{
    background:#CCC;
}
```

项目九　使用CSS进行页面布局

项目导读

CSS 除了可以控制前面所介绍的样式之外，还可以控制页面布局。Web 页面中的布局，是指在页面中如何对标题、导航条、主要内容、脚注、表单等各种构成要素进行合理的编排。本章将介绍常见的布局方式和布局结构，使用 float、clear、盒布局等不同方式进行页面布局。

任务一　Web 页面布局简介

一、布局方式

以下是几种常见的布局方式，没有一种布局方式可以适用于所有的情景，事实上还有一些混合的方式。

1. 固定(fixed)布局

对于固定布局，整个页面和每一栏都有基于像素的宽度。顾名思义，无论是使用手机和平板电脑等较小的设备查看页面，还是使用桌面浏览器并对窗口进行缩小，它的宽度都不会改变。你在浏览网页时已经见过不少固定布局的网站了，尤其是公司网站和大牌网站。固定布局也是学习 CSS 时最容易掌握的布局方式。

2. 流式(fluid 或 liquid)布局

流式布局使用百分数定义宽度，允许页面随显示环境的改变进行放大或缩小。这种方法后来被用于创建响应式(responsive)布局和自适应(adaptive)布局，这些布局方式不仅可以像传统的流式布局那样在手机和平板电脑上缩小显示，还可以根据屏幕尺寸以特定方式调整其设计。这就可以在使用相同 HTML 的情况下，为移动用户、平板电脑用户和桌面用户定制单独的体验，而不是提供三个独立的网站。

3. 弹性布局

弹性布局对宽度和其他所有属性的大小值都是用 em，从而让页面根据用户的 font-size

设置进行缩放。

二、布局结构

布局是以最适合浏览的方式将图片和文字排放在页面的不同位置。不同的制作者会有不同的布局设计。网页布局有以下几种常见结构。

1. “同”字形布局

所谓“同”字形结构就是指页面顶部为“网站标志＋广告条＋主菜单”，下方左侧和右侧为二级栏目条或链接栏目条，屏幕中间显示具体内容的布局，如图 9-1 所示。

图 9-1 “同”字形布局

这种布局的优点是充分利用版面，页面结构清晰，左右对称，主次分明，信息量大；缺点是页面拥挤，太规矩呆板，如果细节色彩上缺少变化调剂，很容易让人感到单调乏味。

2．“国”字形布局

“国”字形布局是在“同”字形布局基础上演化而来的，在保留“同”字形的同时，在页面的下方增加一横条状的菜单或广告，是一些大型网站所喜欢的类型。一般最上面是网站的标题及横幅广告条，接下来就是网站的主要内容，左、右分列一些两小条内容，中间是主要部分，与左右一起罗列到底，最下面是网站的一些基本信息、联系方式、版权声明等，如图 9-2 所示。

图 9-2　“国”字形布局

这种布局的优点是充分利用版面，信息量大，与其他页面的链接切换方便；缺点是如果内容填充过多会导致页面拥挤，四面封闭，令人感到憋气。

3. “T”字形布局

“T”字形是一个形象的说法，是指页面的顶部是“网站标志＋广告条”，左侧（或右侧）是主菜单，右侧（或左侧）是主要内容。

这种布局的优点是页面结构清晰、主次分明，是初学者最容易上手的布局方法；缺点是如果不注意细节上的色彩会导致页面呆板，很容易让人看之乏味，如图 9-3 所示。

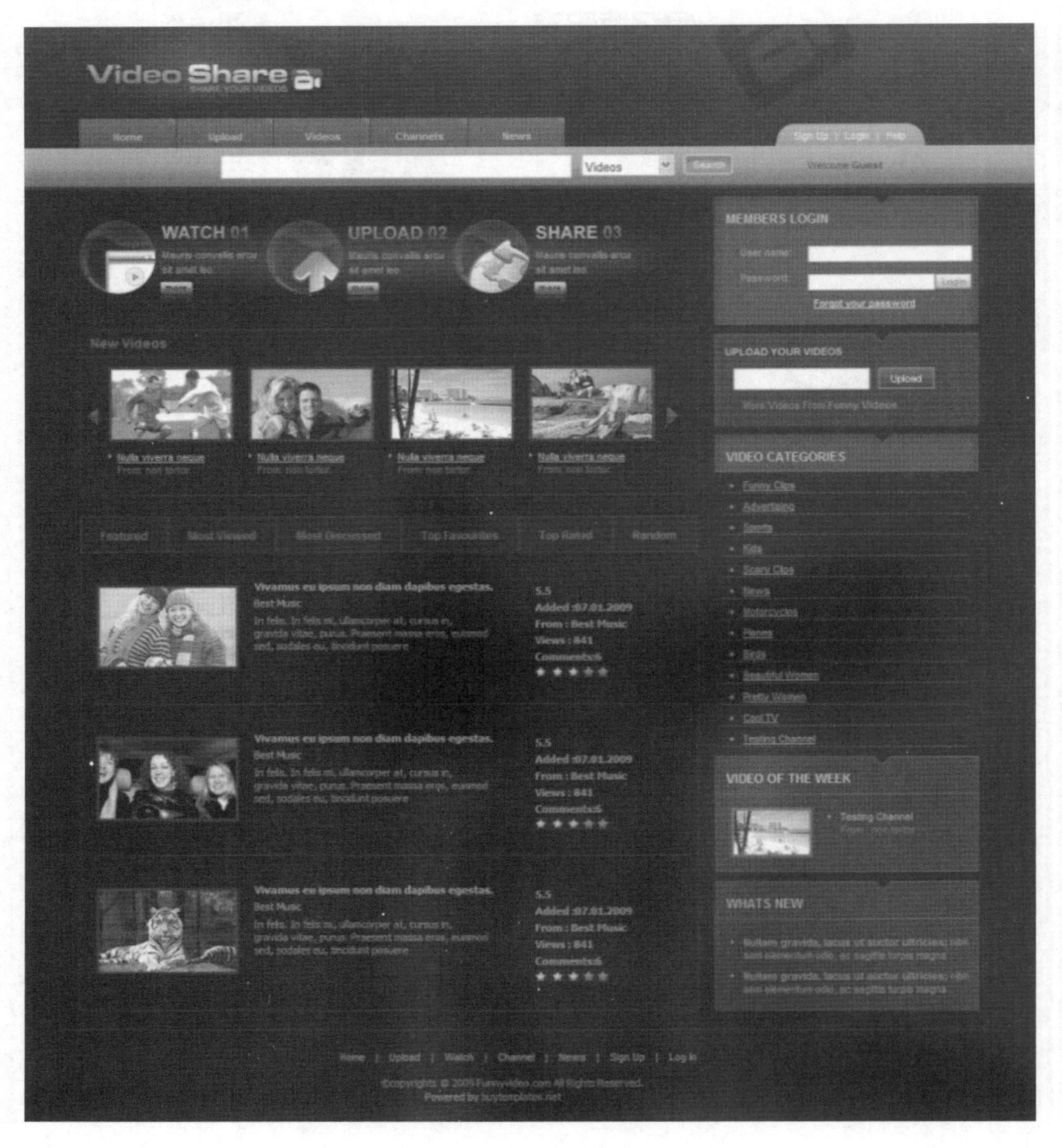

图 9-3 “T”字形布局

4. “三”字形布局

“三”字形布局多用于国外站点，国内用得不多。其特点是在页面上有横向两条(或多条)色块，将页面分割为三部分(或更多)，色块中大多放广告条、更新和版权提示，如图 9-4 所示。

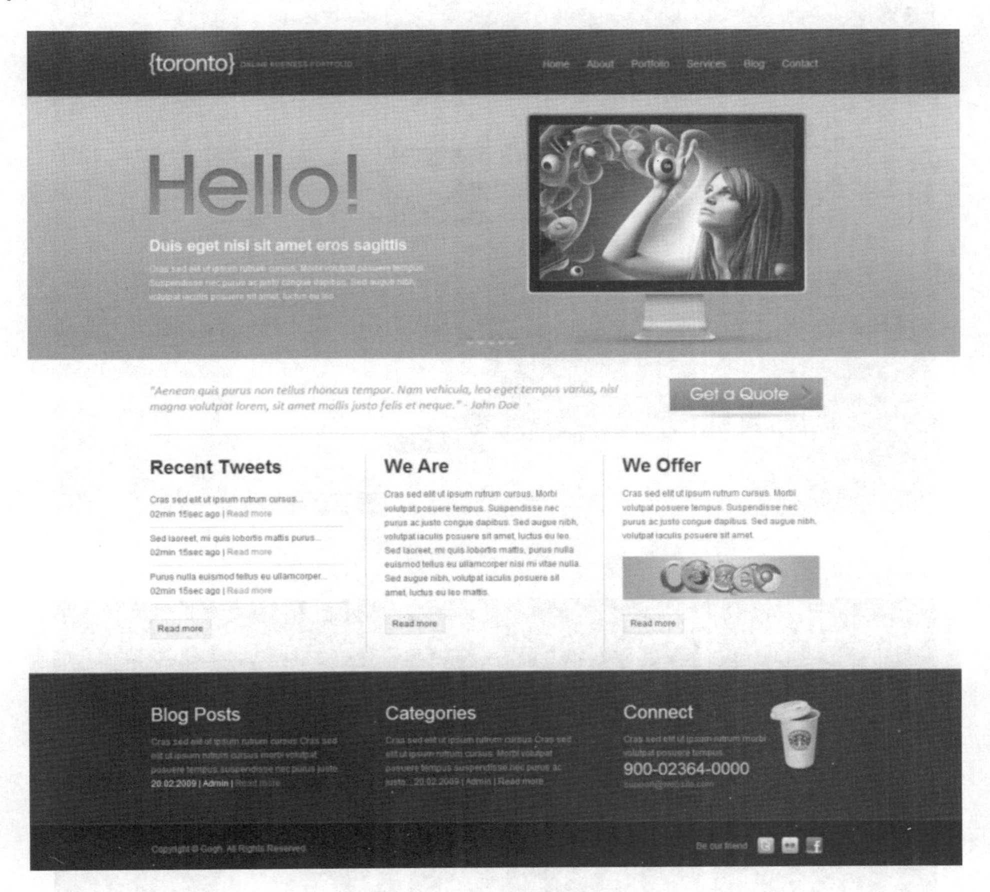

图 9-4 “三”字形布局

5. 对比布局

顾名思义，对比布局采取左右或者上下对比的方式(一半深色，一半浅色)，一般用于设计型站点。优点是视觉冲击力强，缺点是将两部分有机地结合比较困难，如图 9-5 所示。

6. POP 布局

POP 引自广告术语，是指页面布局像一张宣传海报，以一张精美图片作为页面的设计中心。这种类型基本上是出现在一些网站的首页，大部分为一些精美的平面设计结合一些小的动画，放上几个简单的链接或者仅是一个“进入”的链接，甚至直接在首页的图片上做链接而没有任何提示。这种布局大部分出现在企业网站和个人首页，如果处理得好的话，会给人带来赏心悦目的感觉，如图 9-6 所示。

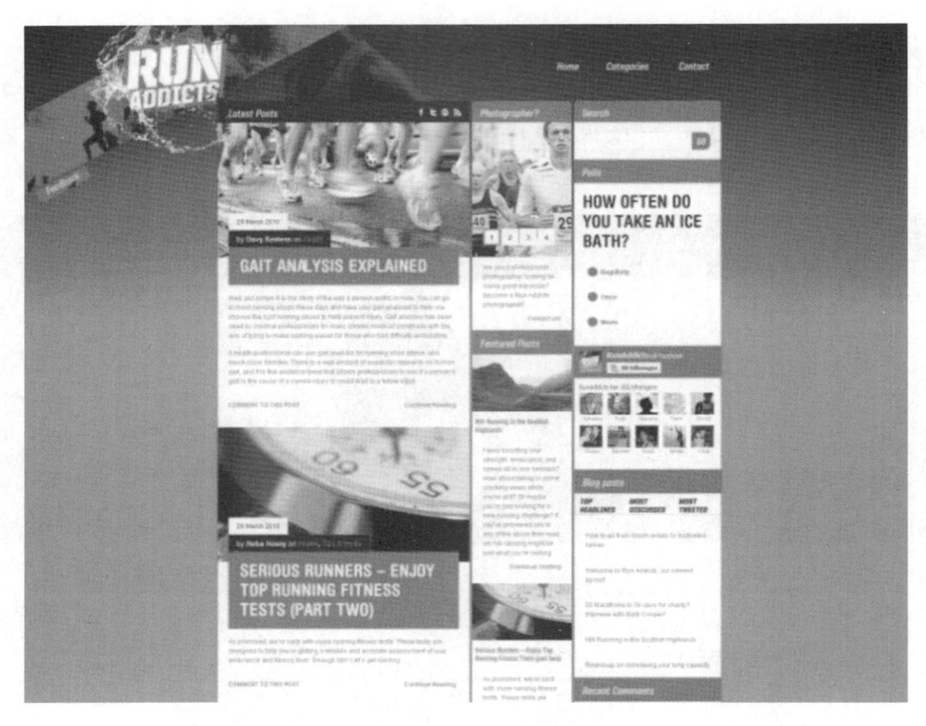

图 9-5　对比布局

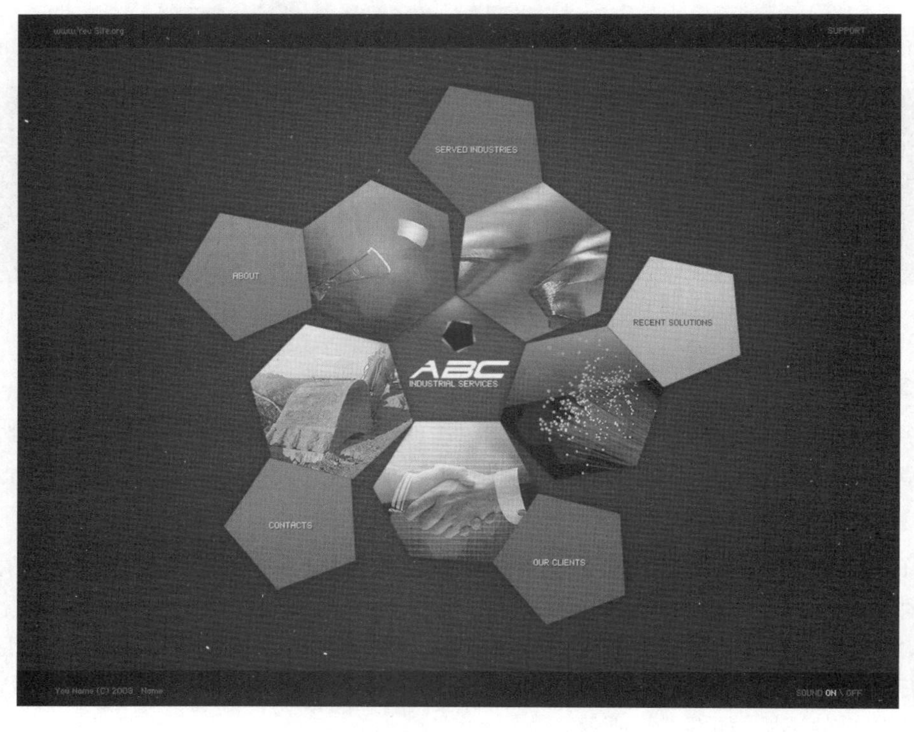

图 9-6　POP 布局

7. Flash 布局

Flash 布局是指整个或大部分的网页本身就是一个 Flash 动画,它本身就是动态的,画面一般比较绚丽、有趣,是一个比较新潮的布局方式。其实这与 POP 布局结构是类似的,只是这种类型采用了目前非常流行的 Flash,与 POP 布局不同的是,由于 Flash 强大的功能,页面所表达的信息更丰富,其视觉效果及听觉效果如果处理得当,比传统的多媒体更具优势,如图 9-7 所示。

图 9-7　Flash 布局

任务二 网页居中

实例代码:

```
<!doctype html>
<html>
```

```
<head>
    <meta charset="utf-8">
    <title> 任务二</title>
    <style type="text/css">
    *{
        margin:0px;
        padding:0px;
    }
    body{
        background-color:#4d4d4d;
        background-image:url(images/page-background.gif);
        background-repeat:repeat-x;
    }
    #wrapper{
        width:600px;
        margin:0 auto;
        background-color:#FFF;
        padding:20px 20px 50px 20px;
        background-image:url(images/wrapper-background.gif);
        background-repeat:repeat-x;
        background-position:bottom;
    }
    p{
        font-size:14.7px;
        text-indent:2em;
        margin-bottom:1.5em;
        line-height:1.4em;
        margin-top:1.5px;
    }
    </style>
</head>
<body>
    <div id="wrapper">
    <p> 图形及网页设计营销企业 Ocupop 已经…</p>
    <p> 这些特点对于最终用户来说可能……</p>
    <p> 类似的,更新的 CSS3 标准允许开发人员……</p>
    <p> McVicker 说新的标准对急于利用……</p>
    <p> HTML5 的 &ldquo;本地化存储 &rdquo;特性使得结构化的……</p>
    </div>
</body>
</html>
```

实例效果图(见图 9-8)：

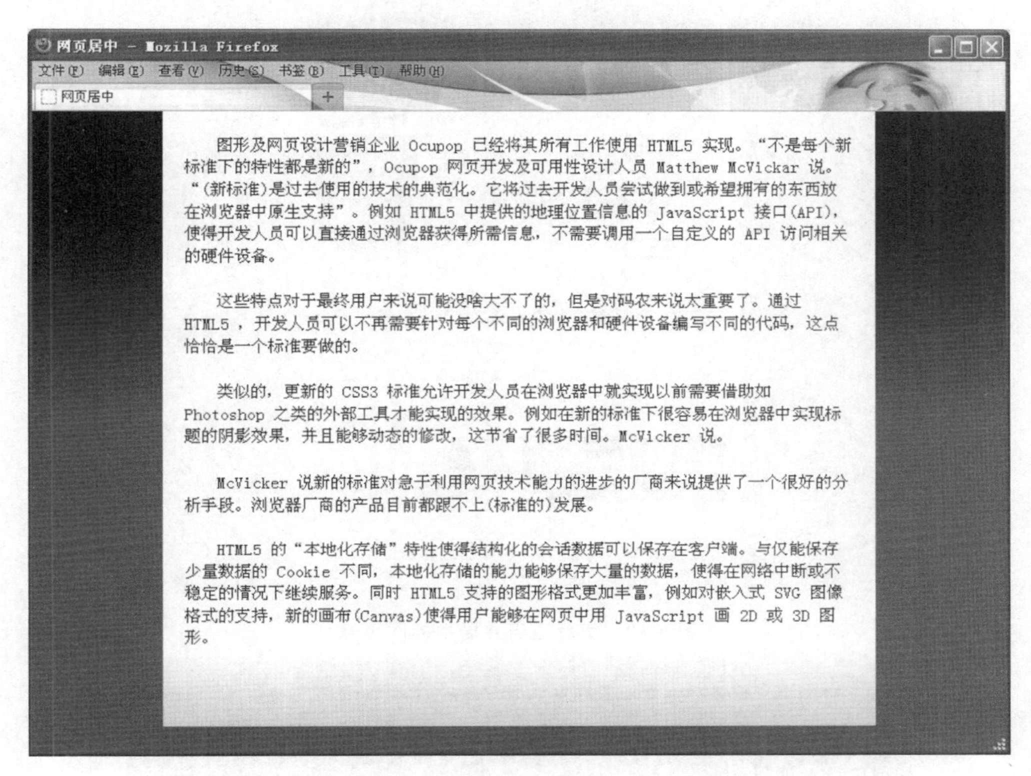

图 9-8　网页居中

我们在浏览网页时，基本不会遇到和浏览器窗口同样宽的页面，当今宽屏显示器的使用越来越普及，浏览器的窗口也变得非常宽，如果网页与浏览器同宽，这将使内容的阅读变得极其难受，如图 9-9 所示。

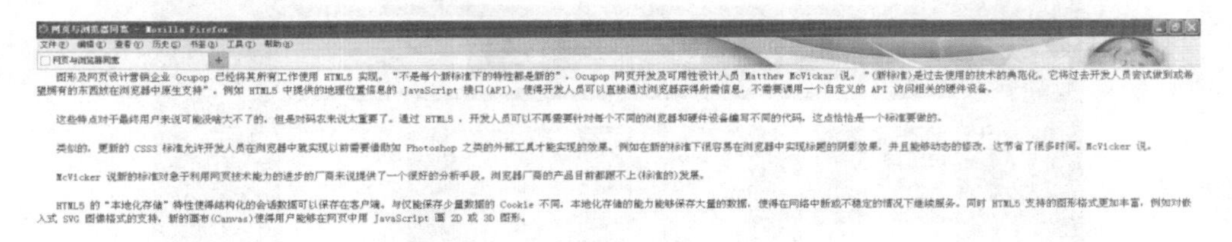

图 9-9　与浏览器同宽的页面

通常看到的网页，会把页面内容宽度控制在一个适当的范围内(一般不超过 1000px)，并将整个页面内容水平居中放置，内容区域之外的两侧则显示为网页背景颜色或背景图片，如图 9-10 和图 9-11 所示。

要制作这样的页面，首先有一个 id 为 wrapper(意思是包装袋，也可以命名为其他名字)的 div 元素，将页面中所有的元素都写在该 div 中。

本任务以一个纯文本页面为例，在 wrapper 中添加 5 个段落。

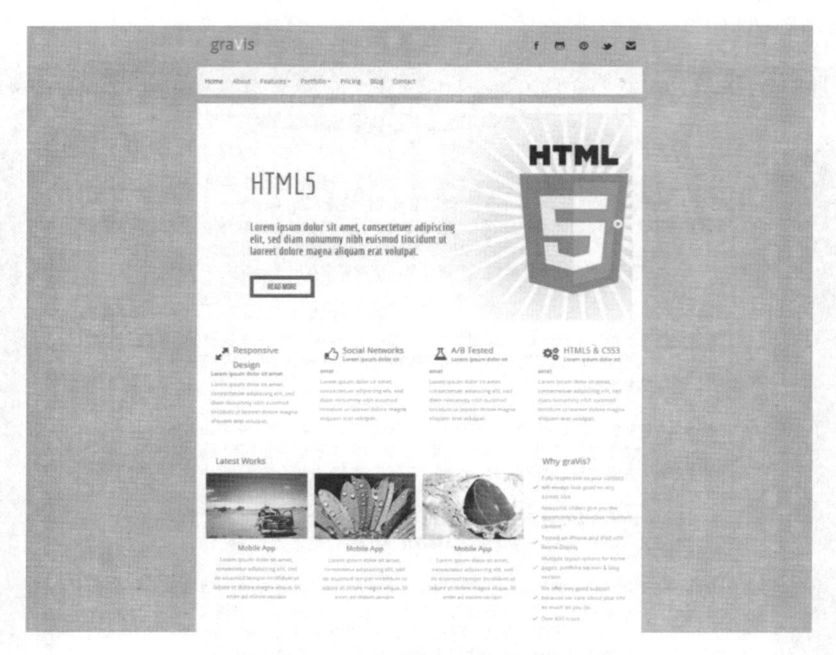

图 9-10　宽度适当并居中的网页一

图 9-11　宽度适当并居中的网页二

```
<body>
    <div id="wrapper">
        <p> 图形及网页设计……</p>
        <p> 这些特点……</p>
        <p> 类似的……</p>
        <p> McVicker 说……</p>
        <p> HTML5 的……</p>
    </div>
</body>
```

首先限制 wrapper 的宽度，width 属性设置 wrapper 宽度为 600 像素，margin 属性设置 wrapper 上下外边距为 0，左右自动外边距，即是水平居中，如图 9-12 所示。

```
#wrapper{
    width:600px;
    margin:0 auto;
}
```

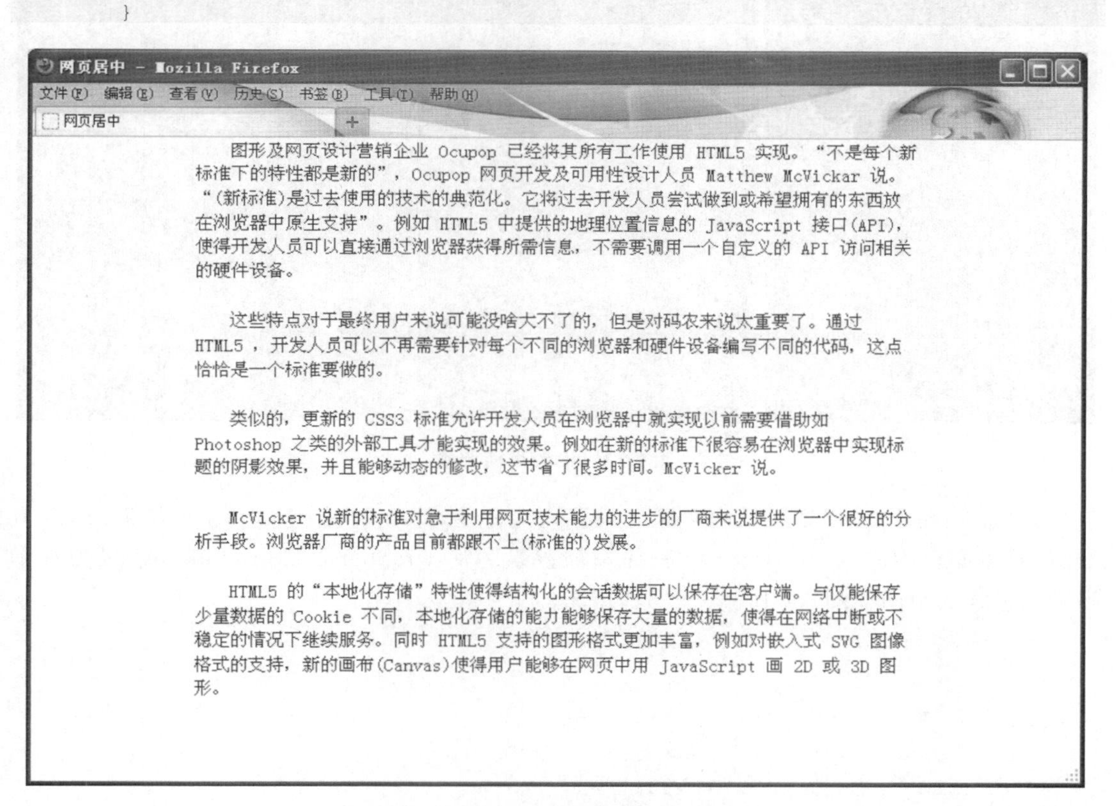

图 9-12　wrapper 固定宽度并居中

白色的背景看上去比较单调，接下来为页面添加背景，网页的背景设置在 body 元素上，将背景颜色设置为 #4d4d4d，背景图片 page-background.jpg 水平平铺，如图 9-13 所示。

```
body{
    background-color:#4d4d4d;
    background-image:url(page-background.gif);
    background-repeat:repeat-x;
}
```

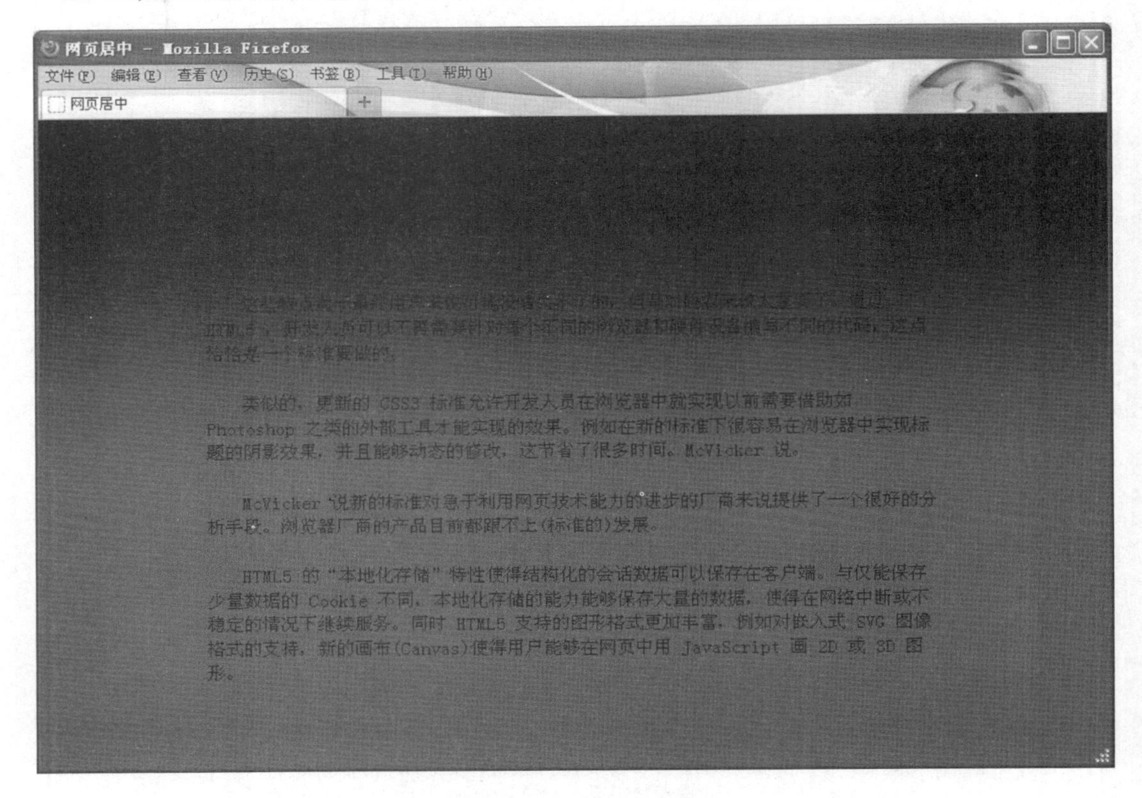

图 9-13　设置页面背景

为 wrapper 添加背景以及内边距。设置内边距上方 20px，右方 20px，下方 50px，左方 20px，背景颜色为白色，在 wrapper 底部添加背景图片 wrapper-background.jpg，设为水平平铺。最终效果图如图 9-8 所示。

```
#wrapper{
    width:600px;
    margin:0 auto;
    padding:20px 20px 50px 20px;
    background-color:#FFF;
    background-image:url(wrapper-background.gif);
    background-repeat:repeat-x;
    background-position:bottom;
}
```

任务三 元素显示方式

实例代码：

```
<!doctype html>
<html>
<head>
    <meta charset="utf-8">
    <title> 任务三</title>
    <style type="text/css">
    span{
        border:1px solid#00F;
    }
    #span1{
        display:block;
    }
    div{
        overflow:auto;
        width:200px;
        height:200px;
    }
</style>
</head>
<body>
    <span id="span1"> 文本一</span><span> 文本二</span>
    <div> 武汉软件工程职业学院是武汉市人民政府主办的综合性高等职业院校，是……
    </div>
</body>
</html>
```

实例效果图如图 9-14 所示。

一、display

HTML 元素在页面中的默认显示方式有块级显示和行内显示两种，我们也可以通过 display 属性来改变盒的显示方式。该属性支持如下两个属性值。

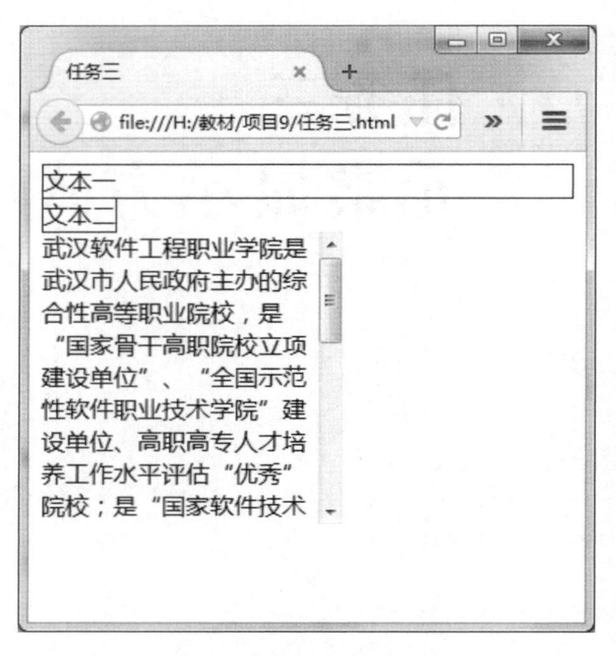

图 9-14 display 设置后

- block：块级显示，元素默认占据一行，允许通过 CSS 设置宽度、高度。
- inline：行内显示，元素不会占据一行，即使通过 CSS 设置宽度、高度也不会起作用。

例如本任务的实例中，span 元素默认行内显示，通过 CSS 设置第一个 span 的 display 属性值为 block，它以块级方式显示。

二、overflow

overflow 属性设置当 HTML 元素不够容纳内容时的显示方式。该属性支持如下几个属性值。

- visible：指定 HTML 元素既不剪切内容也不添加滚动条。这是默认值。
- auto：指定 HTML 元素不够容纳内容时将自动添加滚动条，允许用户通过拖动滚动条来查看内容。
- hidden：指定 HTML 元素自动裁剪那些不够空间显示的内容。
- scroll：指定 HTML 元素总是显示滚动条。

例如本任务的实例中，通过 CSS 设置 div 的 overflow 属性为 auto，它的内容容纳不下时自动添加了滚动条。

与 overflow 类似的还有以下其他几个属性。

- overflow-x：该属性的作用与 overflow 相似，只是该属性只控制水平方向的显示方式。
- overflow-y：该属性的作用与 overflow 相似，只是该属性只控制垂直方向的显示方式。

● visibility：适用于 CSS2，用于设置目标对象是否显示。与 display 属性不同，当通过该属性隐藏某个 XHTML 元素后，该元素占用的页面空间依然会被保留。该属性的两个常用值为 visible 和 hidden，分别用于控制目标对象的显示和隐藏。

任务四 float 多栏布局

实例代码：

```
<!doctype html>
<html>
<head>
    <meta charset="utf-8">
    <title> 任务四</title>
    <link type="text/css"rel="stylesheet"href="webstyle.css"/>
</head>

<body>
<!--页面开始-->
<div id="wrapper">

<!--页首开始-->
<header>
<nav>
<ul>
<li><a href="#"> 首页</a></li>
<li><a href="#"> HTML5 资讯</a></li>
<li><a href="#"> 移动互联网</a></li>
<li><a href="#"> 应用推荐</a></li>
<li><a href="#"> 教程视频</a></li>
<li><a href="#"> 资源下载</a></li>
<li><a href="#"> 开发工具</a></li>
<li><a href="#"> HTML5 论坛</a></li>
</ul>
</nav>
</header>
<!--页首结束-->
```

```
<!--第一栏开始-->
<div id="content">
<article>
<h1> HTML5:过去、现在、未来</h1>
<section>
<h2> 1.HTML5:过去、现在、未来</h2>
<p> 展示了 HTML5 的发展路程,从 1991 年……</p>
<p> HTML5 支持多种媒体……</p>
<p> 乔布斯认为 HTML5 的到来,让……</p>
</section>
<section>
<h2> 2.什么是 HTML5? </h2>
<p> 该信息图标简单……</p>
</section>
<section>
<h2> 3.HTML5 发展史</h2>
<p> HTML5 从何而来? 如何……</p>
</section>
<section>
<h2> 4.为什么开发者需要 HTML5</h2>
<p> 长久以来,HTML5 一直……</p>
</section>
<section>
<h2> 5.HTML5:浏览器的未来</h2>
<p> 从 2012 年 1 月的数据来看,全球……</p>
</section>
<section>
<h2> 6.HTML5:移动领域的下一个阶段</h2>
<p> 据 IDC 调查研究显示,2013 年……</p>
</section>
<section>
<h2> 7.HTML5 的美妙世界</h2>
<p> 该信息图表显示,预计 2016 年……</p>
</section>
</article>
</div>
<!--第一栏结束-->

<!--第二栏开始-->
<div id="sidebar">
<aside>
```

```
<h2> 参考资料</h2>
<ul>
<li><a href="#"> HTML5 技术差异特征理解</a></li>
<li><a href="#"> HTML 的时代到来</a></li>
<li><a href="#"> HTML5 标准</a></li>
<li><a href="#"> HTML5 游戏开发盈利之道</a></li>
<li><a href="#"> HTML5 的 N 个最常见问题</a></li>
<li><a href="#"> W3C 正式宣布完成 HTML5 规范</a></li>
<li><a href="#"> HTML5 规范开发完成,可能成为主流</a></li>
<li><a href="#"> 应用 HTML5 须知五则</a></li>
</ul>
</aside>
<aside>
<h2> 扩展阅读</h2>
<ul>
<li><a href="#"> HTML5 的未来</a></li>
<li><a href="#"> 你不知道的 HTML5 开发工具</a></li>
<li><a href="#"> HTML5 引领下的 Web 革命</a></li>
<li><a href="#"> HTML 亟待解决的 4 大问题</a></li>
<li><a href="#"> HTML5 巨头的游戏</a></li>
<li><a href="#"> HTML5 在应用层的表现</a></li>
<li><a href="#"> 测试浏览器是否支持 HTML5</a></li>
<li><a href="#"> 免费 HTML5 图标库 jChartFX</a></li>
<li><a href="#"> HTML 之 article 与 section 的区别</a></li>
</ul>
</aside>
</div>
<!--第二栏结束-->

<!--页底开始-->
<footer class="clearfix">
<p> Copyright2013</p>
</footer>
<!--页底结束-->

</div>
<!--页面结束-->
</body>
</html>

webstyle.css:
```

```
@charset"utf-8";
/*CSS Document*/
*{
    margin:0px;
    padding:0px;
}
body{
    font-size:12px;
    padding-top:10px;
}
#wrapper{
    width:800px;
    border:1px solid#CCC;
    margin:0 auto;
}
header{
    background-image:url(images/navbg.png);
}
headerul{
    list-style-type:none;
    padding:8px 0 8px 20px;
}
header li{
    display:inline;
    margin:0 12px;
}
header a:link,header a:visited{
    text-decoration:none;
    color:#F5F5F5;
    font-weight:bold;
}
header a:hover{
    color:#000;
}
#content{
    float:left;
    width:524px;
    padding:5px 10px 5px 15px;
    border-right:1px dotted#ccc;
}
#content h1{
```

```
    text-align:center;
    font-size:26px;
    margin-top:30px;
    margin-bottom:20px;
    font-family:"黑体";
}
#content h2{
    font-size:14.7px;
    font-family:"微软雅黑";
    text-indent:2em;
    margin-top:20px;
    margin-bottom:10px;
}
#content p{
    text-indent:2em;
    margin-top:10px;
    margin-bottom:10px;
}
#sidebar{
    float:right;
    width:240px;
    margin-left:10px;
    margin-top:85px;
}
aside{
    border-left-width:1px solid#ccc;
    border-bottom-style:10px solid#ccc;
}
#sidebar h2{
    background-color:#2267B5;
    font-size:12px;
    color:#F5F5F5;
    padding:5px 0 5px 20px;
}
#sidebar ul{
    margin-left:30px;
}
#sidebar li{
    margin:8px 0;
}
#sidebar a:link,#sidebar a:visited{
```

```
    color:#000;
    text-decoration:none;
}
#sidebar a:hover{
    text-decoration:underline;
}
footer{
    padding:8px 0 8px 15px;
    font-family:Arial,Helvetica,sans-serif;
    clear:both;
    background-image:url(images/navbg.png);
    color:#FFF;
}
```

实例效果图(见图 9-15)：

图 9-15　float 浮动

HTML 元素在页面中默认自上而下的顺序显示，这被称为文档流(document flow)。可以通过 CSS 属性改变元素的文档流，让元素脱离文本流。

一、float 浮动

float 属性控制目标 HTML 元素是否浮动以及如何浮动。通过该属性设置某个对象浮动后，该对象将不在文档的普通流中，浮动的框可以向左或向右移动，直到它的外边缘碰到包含框或另一个浮动框的边框为止。由于浮动框不在文档的普通流中，所以文档的普通流中的块框表现得就像浮动框不存在一样。该属性支持 left、right 两个属性值，分别指定对象向左、向右浮动。

例如下面的代码：

```
<!doctype html>
<html>
<head>
    <meta charset="utf-8">
    <title> float</title>
<style type="text/css">
    *{
        margin:0;
        padding:0;
    }
    div{
        border:1px dashed#000000;
        margin-bottom:20px;
        height:100px;
    }
    #div1{
        width:100px;
    }
    #div2{
        width:150px;
    }
    #div3{
        width:200px;
    }
    </style>
</head>
<body>
    <div id="div1"> div1</div>
```

```
<div id="div2"> div2</div>
<div id="div3"> div3</div>
</body>
</html>
```

效果图如图 9-16 所示。

（1）给第一个 div 设置右浮动，代码如下：

```
#div1{
    float:right;
}
```

div1 脱离文档流并且向右移动，直到它的右边缘碰到包含框的右边缘。设置后的效果图如图 9-17 所示。

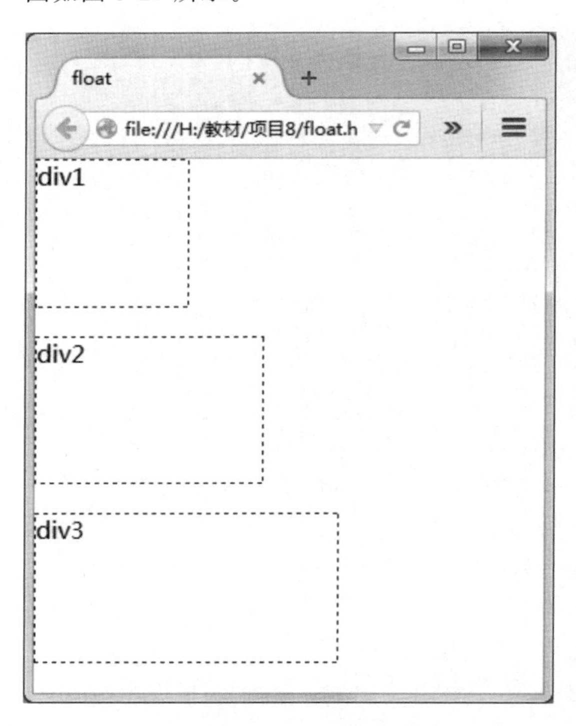

图 9-16　float 设置前

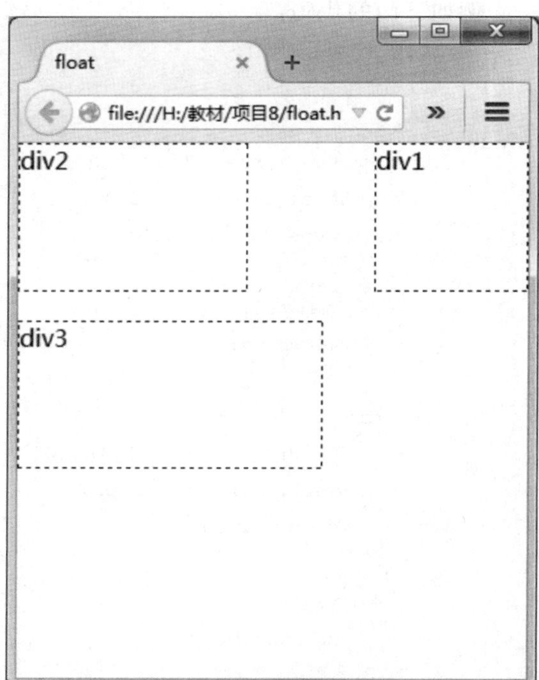

图 9-17　div1 右浮动

（2）将 div1 设置为左浮动，代码如下：

```
#div1{
    float:left;
}
```

当 div1 向左浮动时，它脱离文档流并且向左移动，直到它的左边缘碰到包含框的左边缘。因为它不再处于文档流中，所以它不占据空间，实际上覆盖住了 div2，div2 的文字会环绕在 div1 右侧，效果图如图 9-18 所示。

（3）如果把所有三个 div 都向左浮动，代码如下：

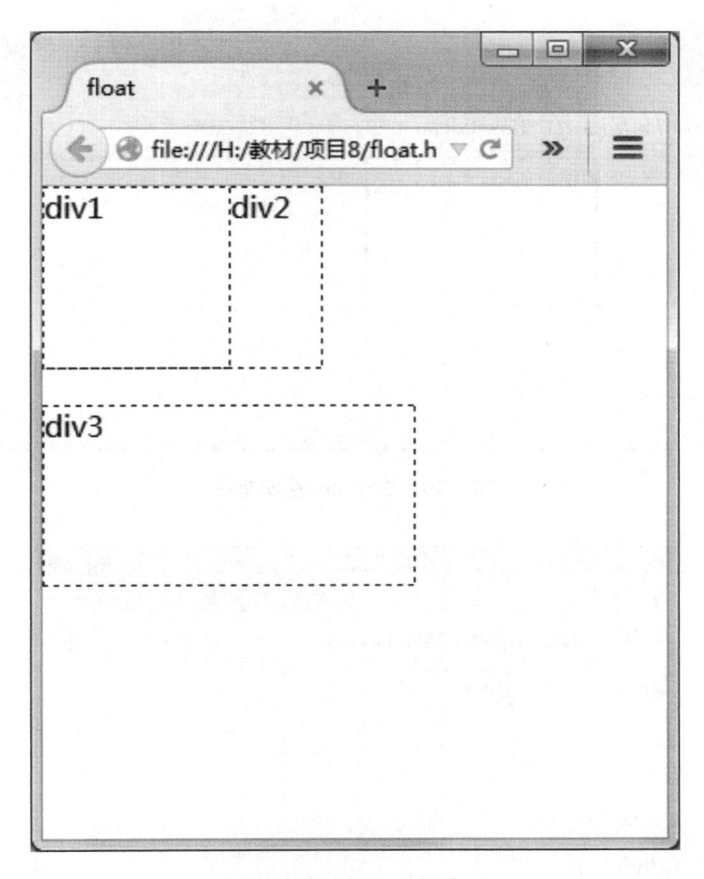

图 9-18　div1 左浮动

```
#div1{
    float:left;
}
#div2{
    float:left;
}
#div3{
    float:left;
}
```

div1 向左浮动直到碰到包含框,另外两个 div 向左浮动直到碰到前一个浮动框,效果如图 9-19 所示。

如果包含框太窄,无法容纳水平排列的三个浮动元素,那么其他浮动块向下移动,直到有足够的空间,效果图如图 9-20 所示。

如果浮动元素的高度不同,那么当它们向下移动时可能被其他浮动元素“卡住”,效果图如图 9-21 所示。

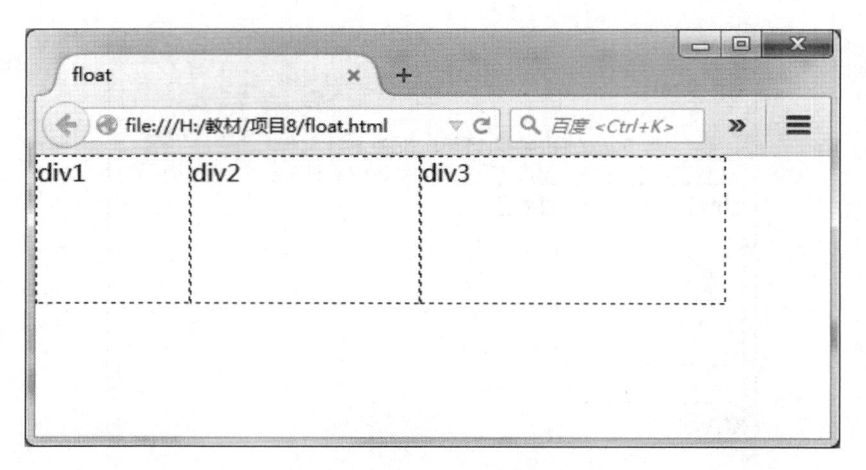

图 9-19　三个 div 左浮动一

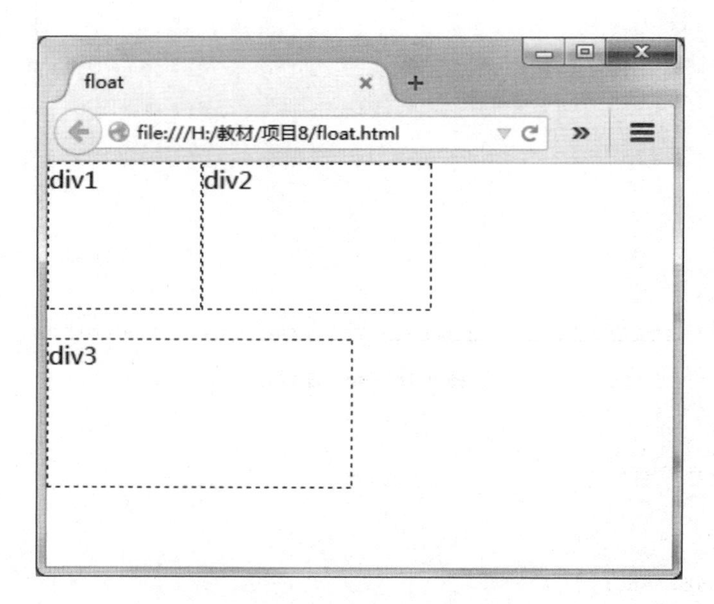

图 9-20　三个 div 左浮动二

二、clear 清除浮动

clear 属性定义了元素的哪边上不允许出现浮动元素。该属性支持如下属性值。

- none：默认值，两边都不允许出现浮动元素。
- left：不允许左边出现浮动元素。
- right：不允许右边出现浮动元素。

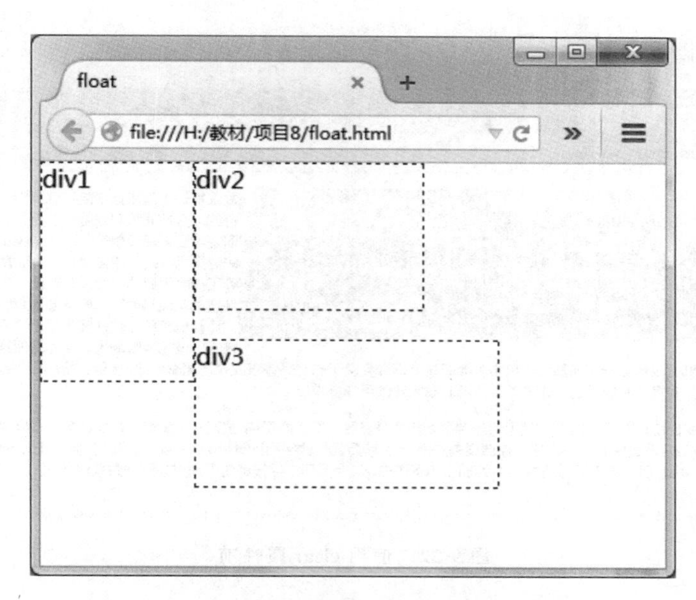

图 9-21　三个 div 左浮动三

- both：两边都不允许出现浮动元素。

例如下面的例子：

```
<!doctype html>
<html>
<head>
    <meta charset="utf-8">
    <title> clear</title>
    <style type="text/css">
    img{
        float:left;
    }
    p{
        clear:left;
    }
    </style>
</head>
<body>
    <img src="images/wuruan.jpg"title="武汉软件工程职业学院">
<p> 武汉软件工程职业学院是武汉市人民政府……</p>
<p> 学校地处“国家自主创新示范区”……</p>
</body>
</html>
```

在上面的例子中，图像设置了左浮动后，下面的文字会环绕在它的右侧。如果给文字添加了 clear：left 属性，文字左侧的浮动将被清除，文字块向下移动。使用 clear 前后的效果图分别如图 9-22 和图 9-23 所示。

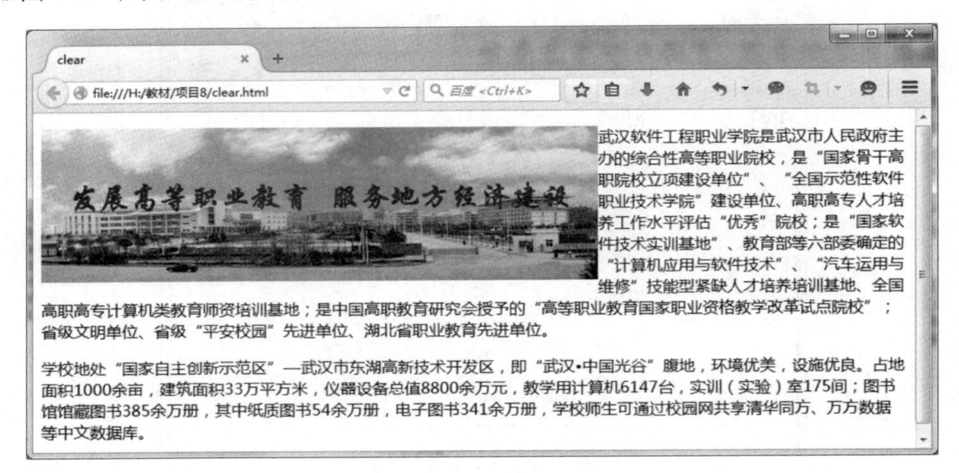

图 9-22 使用 clear 属性前

图 9-23 使用 clear 属性后

任务五 盒布局

实例代码：

```
<!doctype html>
<html>
```

```
<head>
    <meta charset="utf-8">
    <title> 任务五</title>
    <style type="text/css">
    *{
        margin:0px;
        padding:0px;
    }
    #wrapper{
        display:-moz-box;
        display:-webkit-box;
    }
    body{
        font-size:14.7px;
    }
    #left-sidebar{
        width:130px;
        background-color:#AAA;
        padding:10px;
    }
    #content{
        width:380px;
        padding:10px;
        background-color:#EEE;
    }
    #right-sidebar{
        width:130px;
        background-color:#CCC;
        padding:10px;
    }
    h2{
        font-size:16px;
        margin-bottom:10px;
    }
    ul{
        margin-left:20px;
    }
    </style>
</head>
<body>
<div id="wrapper">
<div id="left-sidebar">
<h2> 左侧边栏</h2>
```

```
<ul>
<li><a href="#"> 超链接</a></li>
<li><a href="#"> 超链接</a></li>
<li><a href="#"> 超链接</a></li>
<li><a href="#"> 超链接</a></li>
<li><a href="#"> 超链接</a></li>
</ul>
</div>
<div id="content">
<h2> 内容</h2>
<p> 新的规范对于厂商而言是一个很大的帮助,来自……</p>
</div>
<div id="right-sidebar">
<h2> 右侧边栏</h2>
<ul>
<li><a href="#"> 超链接</a></li>
<li><a href="#"> 超链接</a></li>
<li><a href="#"> 超链接</a></li>
</ul>
</div>
</div>
</body>
</html>
```

实例效果图(见图 9-24):

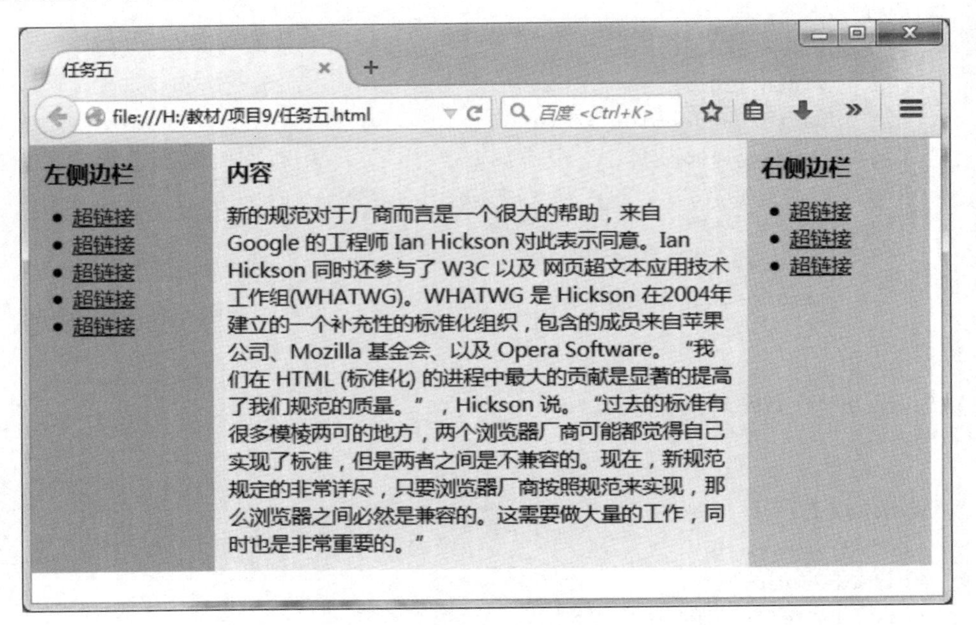

图 9-24　盒布局

使用 float 属性以及 clear 属性可以实现多栏布局，但是每个栏目条的高度随栏目中内容的多少不同而不一致，从而会导致多个栏目底部不能对齐，尤其是当每个栏目都设置了背景颜色或背景图片时。

在本任务实例中，有三个栏目，分别是左侧边栏、中间内容和右侧边栏。

```
<body>
 <div id="wrapper">
<div id="left-sidebar">
<h2> 左侧边栏</h2>
<ul>
<li><a href="#"> 超链接</a></li>
    ……
<li><a href="#"> 超链接</a></li>
</ul>
</div>

<div id="content">
<h2> 内容</h2>
<p> 新的规范对于……</p>
</div>

<div id="right-sidebar">
<h2> 右侧边栏</h2>
<ul>
<li><a href="#"> 超链接</a></li>
……
<li><a href="#"> 超链接</a></li>
</ul>
</div>
  </div>
</body>
```

如果使用 float 属性将它们设为并列放置，并设置不同的背景颜色，效果如图 9-25 所示。

```
#left-sidebar{
    float:left;
    width:130px;
    background-color:#AAA;
    padding:10px;
}
#content{
    float:left;
    width:380px;
```

```
        padding:10px;
        background-color:#EEE;
    }
    #right-sidebar{
        float:left;
        width:130px;
        background-color:#CCC;
        padding:10px;
    }
```

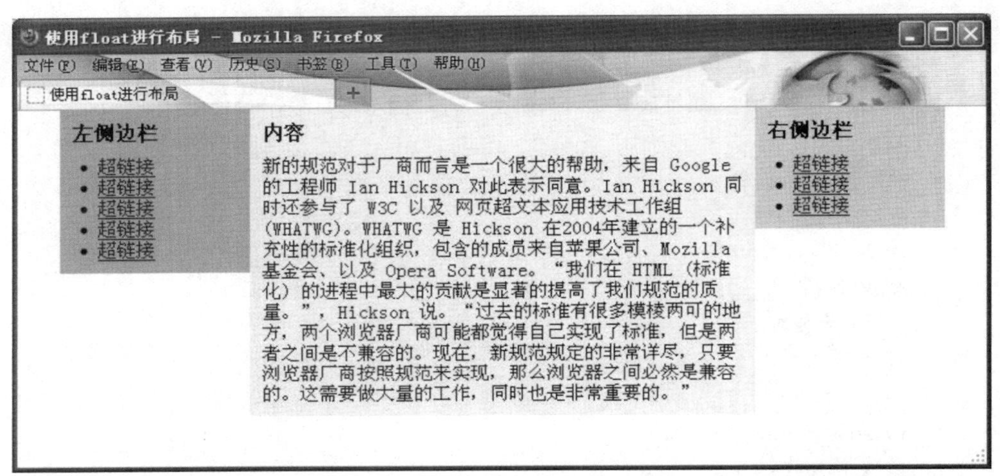

图 9-25　使用 float 属性进行布局

在 CSS3 中，可以通过 box 属性来使用盒布局，针对 Firefox 浏览器，需要将其写为-moz-box，针对 Safari 浏览器或者 Chrome 浏览器，需要将其写为-webkit-box，IE 浏览器不支持该属性。

在本例中，使用盒布局的方式，在 wrapper 中使用 box 属性，left-sidebar、content、right-sidebar 中只设置宽度、背景颜色和内边距，效果如图 9-24 所示。

```
    #wrapper{
        display:-moz-box;
        display:-webkit-box;
    }
    #left-sidebar{
        width:130px;
        background-color:#AAA;
        padding:10px;
    }
    #content{
        width:380px;
```

```
        padding: 10px;
        background-color:#EEE;
    }
    #right-sidebar{
        width:130px;
        background-color:#CCC;
        padding: 10px;
    }
```

可以看出，三个栏目的高度对齐，且各自栏目中的内容相互不干扰。

任务六 使用自适应窗口的弹性盒布局

实例代码：

```
<!doctype html>
<html>
<head>
    <meta charset="utf-8">
    <title> 任务六盒布局</title>
    <style type="text/css">
    *{
        margin:0px;
        padding:0px;
    }
    body{
        font-size:14.7px;
    }
    #container{
        width:80% ;
        max-width:1000px;
        margin:0 auto;
    }
    #wrapper{
        display:-moz-box;
        display:-webkit-box;
    }
    #left-sidebar{
```

```
        width:130px;
        background-color:#AAA;
        padding:10px;
    }
    #content{
        -moz-box-flex:1;
        -webkit-box-flex:1;
        padding:10px;
        background-color:#EEE;
        margin-right:10px;
        margin-left:10px;
    }
    #right-sidebar{
        width:130px;
        background-color:#CCC;
        padding:10px;
    }
    h2{
        font-size:16px;
        margin-bottom:10px;
    }
    ul{
        margin-left:20px;
    }
</style>
</head>

<body>
<div id="container">
<div id="wrapper">
<div id="left-sidebar">
<h2> 左侧边栏</h2>
<ul>
<li><a href="#"> 超链接</a></li>
<li><a href="#"> 超链接</a></li>
<li><a href="#"> 超链接</a></li>
<li><a href="#"> 超链接</a></li>
<li><a href="#"> 超链接</a></li>
</ul>
</div>
<div id="content">
```

```
<h2> 内容</h2>
<p> 新的规范对于厂商而言是一个很大的帮助,来自……</p>
</div>
<div id="right-sidebar">
<h2> 右侧边栏</h2>
<ul>
<li><a href="#"> 超链接</a></li>
<li><a href="#"> 超链接</a></li>
<li><a href="#"> 超链接</a></li>
</ul>
</div>
</div>
</div>
</body>
</html>
```

实例效果图(见图 9-26):

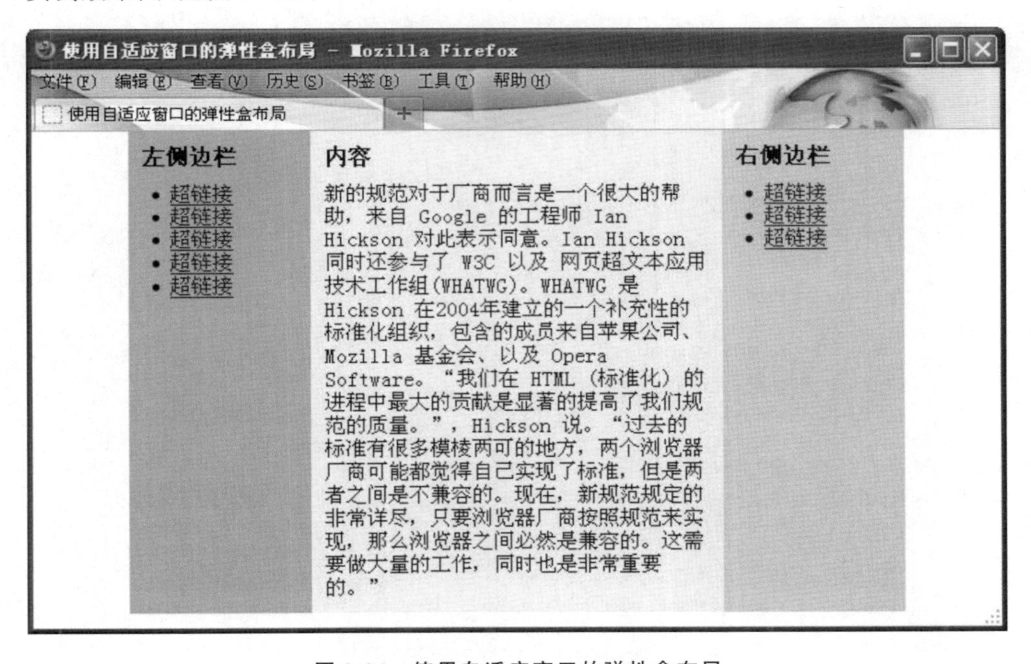

图 9-26　使用自适应窗口的弹性盒布局

一、弹性布局

在上个任务介绍的盒布局中,我们对左侧边栏、中间内容、右侧边栏的三个 div 元素的宽度都进行了设定。如果我们想让这三个 div 元素的总宽度随着浏览器窗口的宽度变化而变化，就需要使用 box-flex 属性，使盒布局变为弹性盒布局。针对 Firefox 浏览器，需要将其写为-moz-box-flex，针对 Safari 浏览器或者 Chrome 浏览器，需要将其写为-webkit-box-flex，IE 浏览器不支持该属性。

此外，由于将所有内容包裹起来的 id 为 wrapper 的 div 元素中设置了 box 属性，整个页面内容无法保持页面居中。为此要做一些调整，设置左右侧边栏的宽度不变，中间内容的宽度随着浏览器窗口的宽度变化而变化，这三部分的宽度为浏览器窗口的 80%，但最大不超过 1000px。

为了实现这一要求，我们先使用 id 为 container 的 div 将 wrapper 包裹起来。

```
<body>
 <div id="container">
<div id="wrapper">

    <div id="left-sidebar">
    <h2> 左侧边栏</h2>
    <ul>
    ……
    </ul>
    </div>

    <div id="content">
    <h2> 内容</h2>
    <p> 新的规范……</p>
    </div>

    <div id="right-sidebar">
    <h2> 右侧边栏</h2>
    <ul>
    ……
    </ul>
    </div>
    </div>
  </div>
</body>
```

设置作为网页元素容器的 container 的宽度及居中属性。宽度为浏览器窗口的 80%，最大宽度 max-width 为 1000px，上下边距为 0，左右水平居中。

```
#container {
    width:80%;
    max-width:1000px;
    margin:0 auto;
}
```

然后在中间内容 content 的样式中,将原本的固定宽度 width:380px 改为 box-flex:1,设置其为弹性大小。其他 div 元素的样式不变。

```
#wrapper{
    display:-moz-box;
    display:-webkit-box;
}
#left-sidebar{
    width:130px;
    background-color:#AAA;
    padding:10px;
}
#content{
    -moz-box-flex:1;
    -webkit-box-flex:1;
    padding:10px;
    background-color:#EEE;
}
#right-sidebar{
    width:130px;
    background-color:#CCC;
    padding:10px;
}
```

显示效果如图 9-26 所示,在不同的浏览器宽度下中间内容的宽度也不同,但是网页总宽度不超过 1000px。

二、改变元素的显示顺序

使用弹性盒布局的时候,可以通过 box-ordinal-group 属性来改变各元素的显示顺序。可以在每个元素的样式中加入 box-ordinal-group 属性,该属性使用一个表示序号的整数属性值,浏览器在显示的时候根据该序号从小到大来显示这些元素。针对 Firefox 浏览器,需要将其写为-moz-box-ordinal-group,针对 Safari 浏览器或者 Chrome 浏览器,需要将其写为-webkit-box-ordinal-group,IE 浏览器不支持该属性。

例如要将本任务的实例中左、右侧边栏的顺序颠倒,将右侧边栏放在左侧,左侧边栏放在右侧,可以在代表左侧边栏、中间内容、右侧边栏的 div 元素中都加入 box-ordinal-group 属性,并在该属性中指定显示时的序号,这里将右侧边栏序号设为 1,中间内容序号设为 2,左侧边栏序号设为 3。样式代码如下:

```
#left-sidebar{
        -moz-box-ordinal-group:3;
        -webkit-box-ordinal-group:3;
```

```
            width:130px;
            background-color:#AAA;
            padding:10px;
    }
    #content{
            -moz-box-ordinal-group:2;
            -webkit-box-ordinal-group:2;
            -moz-box-flex:1;
            -webkit-box-flex:1;
            padding:10px;
            background-color:#EEE;
    }
    #right-sidebar{
            -moz-box-ordinal-group:1;
            -webkit-box-ordinal-group:1;
            width:130px;
            background-color:#CCC;
            padding:10px;
    }
```

显示效果如图 9-27 所示，左侧边栏到了右侧，右侧边栏到了左侧。

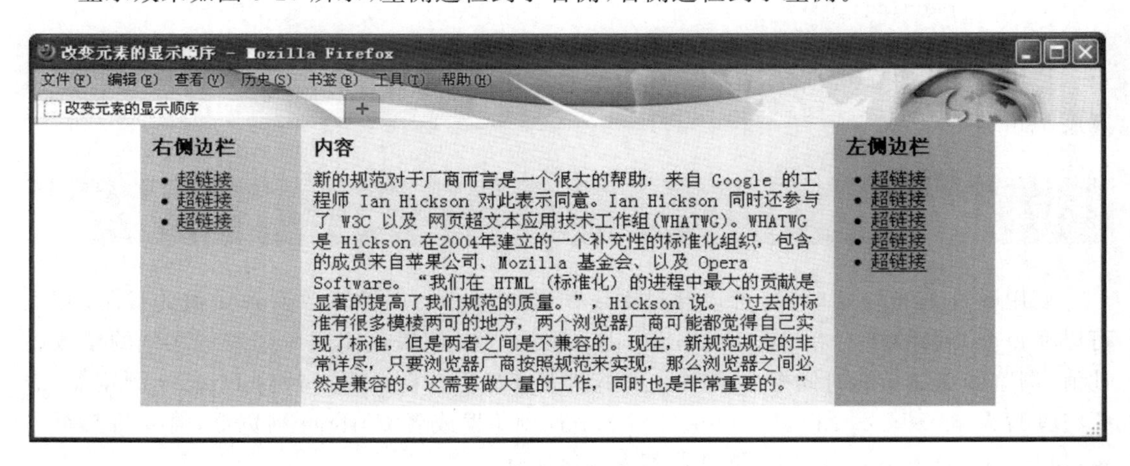

图 9-27　改变元素的显示顺序

三、改变元素的排列方向

使用弹性盒布局的时候，我们可以很简单地将多个元素的排列方向从水平方向修改为垂直方向，或者从垂直方向修改为水平方向，就好比把布局结构由左中右排列的“同”字形变成了由上中下排列的“三”字形。

在 CSS3 中，使用 box-orient 来指定多个元素的排列方向，针对 Firefox 浏览器，需要将其写为-moz-box-orient，针对 Safari 浏览器或者 Chrome 浏览器，需要将其写为-webkit-box-orient，IE 浏览器不支持该属性。

box-orient 属性默认值为 horizontal(水平方向排列)，也就是说，在不设置该属性的时候元素都是按照水平的方式排列的，如果布局需要也可将其值设为 vertical(表示垂直方向排列)。

在上面实例的基础上，将水平放置的三个 div 元素改为垂直放置。由于网页内容的总宽度由 container 元素设为了 80%，最大不超过 1000px，因此在垂直排列时不需要再设每个 div 的宽度，它们的宽度都和 container 相同。同理，由于宽度已由 container 元素决定，故无须在 content 元素中设置 box-flex 属性。

在设置过 box 属性的 wrapper 中加入 box-orient 属性，并设置属性值为 vertical，则左侧边栏、中间内容、右侧边栏的排列方向将从水平方向排列变为垂直方向排列，如图 9-28 所示。

```
#container{
        width:80% ;
        max-width:1000px;
        margin:0 auto;
}
#wrapper{
        display:-moz-box;
        display:-webkit-box;
        -moz-box-orient:vertical;
        -webkit-box-orient:vertical;
}
#left-sidebar{
        background-color:#AAA;
        padding:10px;
}
#content{
        padding:10px;
        background-color:#EEE;
}
#right-sidebar{
        background-color:#CCC;
        padding:10px;
}
```

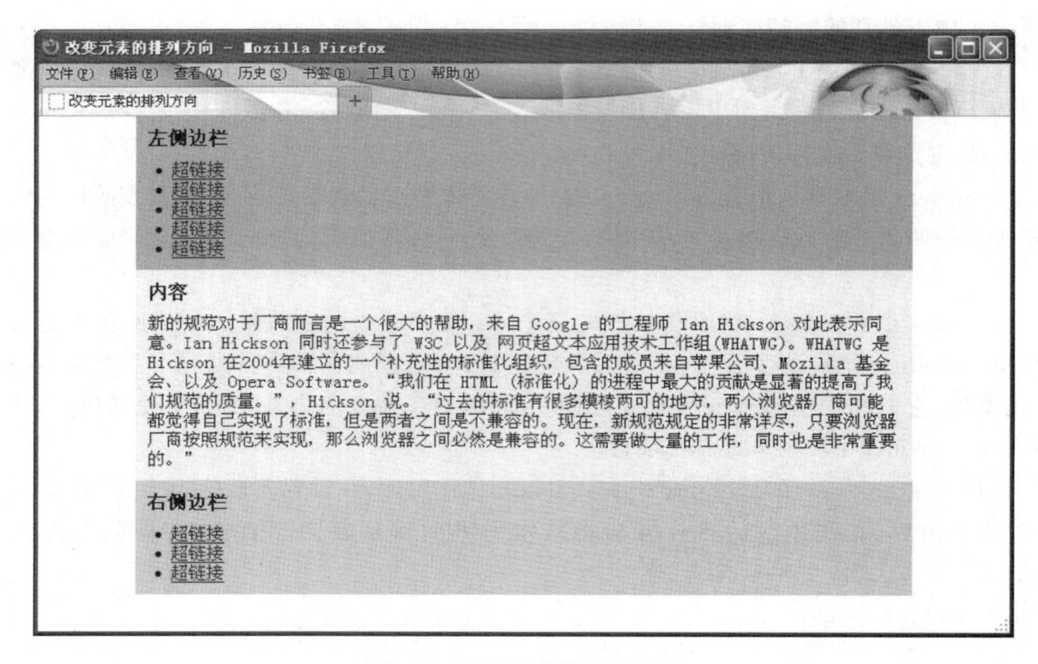

图 9-28　改变元素的排列方向

任务七 position 定位

实例代码：

```
<!doctype html>
<html>
<head>
    <meta charset="utf-8">
    <title> 任务七</title>
    <style type="text/css">
    *{
        margin:0;
        padding:0;
    }
    div#content{
        position:relative;
        left:100px;
```

```
        top:100px;
        border:5px dashed#FF0000;
        width:500px;
    }
    div div{
        border:1px solid#000;
        height:100px;
    }
div#pos_left
    {
        position:relative;
        left:-50px;
        background:#FC0;
        z-index:-1;
    }
div#abs_right
    {
        position:absolute;
        top:100px;
        left:200px;
        background:#6FF;
        z-index:1;
    }
</style>
</head>
<body>
<div id="content">
        <div id="abs_right"> 相对于父元素位置向右移动</div>
<div id="pos_left"> 相对于其正常位置向左移动</div>
</div>
</body>
</html>
```

实例效果图如图 9-29 和图 9-30 所示。

一、position

position 属性规定元素的定位类型，这个属性定义建立元素布局所用的定位机制。通过使用 position 属性，我们可以选择四种不同类型的定位，这会影响元素框生成的方式。position 属性值的含义分别如下。

● static：默认值，元素没有定位，元素出现在正常的流中（忽略 top、bottom、left、right 或者 z-index 声明）。

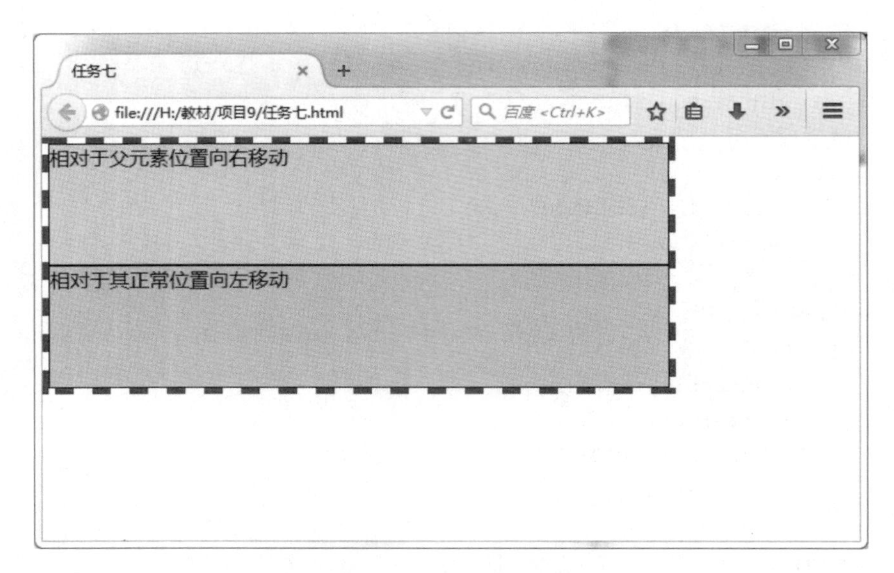

图 9-29 position 定位前

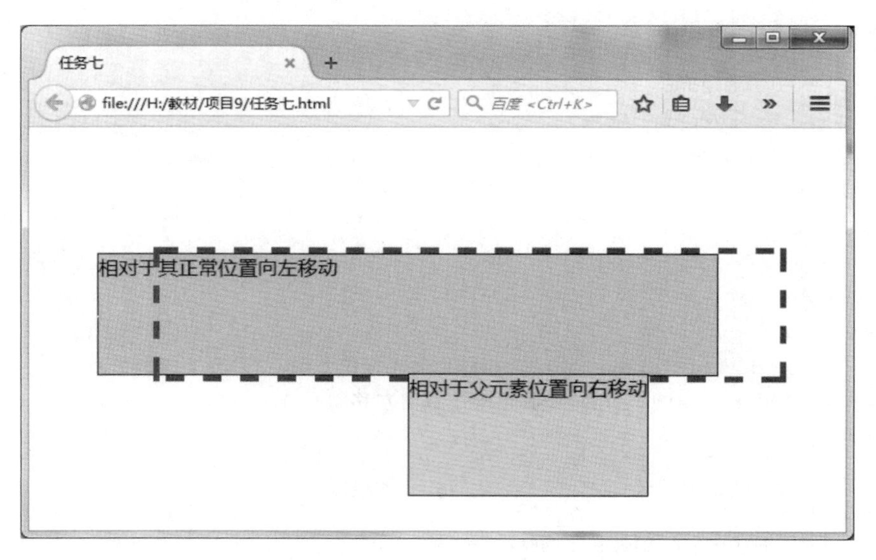

图 9-30 position 定位后

● relative：相对定位，元素相对于其正常位置进行定位，可以通过 top、left、right、bottom 四个值来设定元素的偏移。例如下面的代码：

```
<!doctype html>
<html>
<head>
    <meta charset="utf-8">
    <title> 相对定位</title>
    <style type="text/css">
```

```
    div{
        width:100px;
        height:100px;
        border:1px solid#000;
    }
div#pos_left
    {
        position:relative;
        left:-50px;
    }
div#pos_right
    {
        position:relative;
        left:50px;
    }
</style>
</head>
<body>
<div> 正常位置</div>
<div id="pos_left"> 相对于其正常位置向左移动</div>
<div id="pos_right"> 相对于其正常位置向右移动</div>
</body>
</html>
```

效果图如图 9-31 所示。

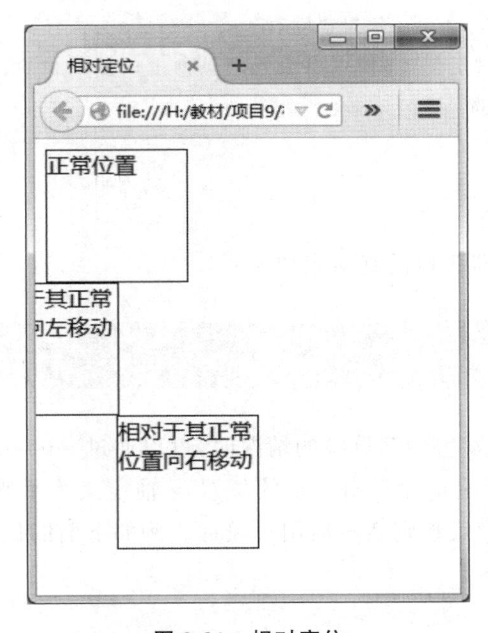

图 9-31 相对定位

● absolute：绝对定位，元素框从文档流完全删除，并相对于 static 定位以外的第一个父元素进行定位。元素原先在正常文档流中所占的空间会关闭，就好像元素原本不存在一样。元素定位后生成一个块级框，而不论原来它在正常流中生成何种类型的框。例如下面的代码：

```
<!doctype html>
<html>
<head>
    <meta charset="utf-8">
    <title>绝对定位</title>
    <style type="text/css">
div#pos_abs
    {
        position:absolute;
        left:100px;
        top:150px;
        width:100px;
        height:100px;
        border:1px solid#000;
    }
</style>
</head>
<body>
    <div id="pos_abs">绝对定位<br> left:100px;<br> top:150px;</div>
    <p>通过绝对定位，元素可以放置到页面上的任何位置。上面的段落距离页面左侧
100px，距离页面顶部 150px。</p>
</body>
</html>
```

效果图如图 9-32 所示。

● fixed：相对于浏览器窗口的绝对定位。

二、z-index

当页面中有多个盒子发生相互重叠的情况时，可以通过 z-index 属性指定它们的叠放次序。z-index 属性设置一个定位元素沿 z 轴的位置，z 轴定义为垂直延伸到显示区的轴。如果为正数则离用户较近，为负数则表示离用户较远。例如下面的代码：

```
<!doctype html>
<html>
<head>
```

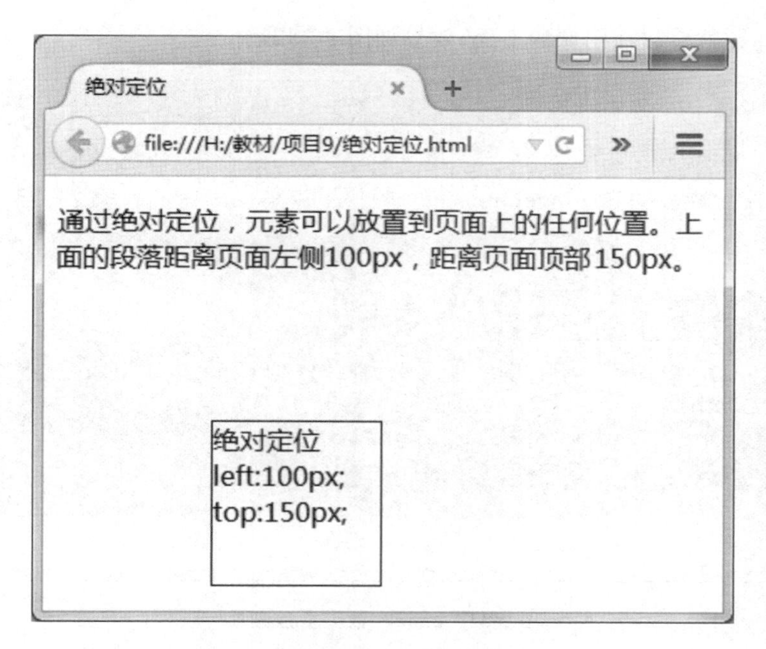

图 9-32　绝对定位

```
    <meta charset="utf-8">
    <title> z-index</title>
    <style type="text/css">
    img
  {
      position:absolute;
      left:0px;
      top:0px;
    }
  </style>
  </head>
  <body>
    <h1> 武汉软件工程职业学院</h1>
    <imgsrc="images/wuruan.jpg"/>
  </body>
  </html>
```

上面的例子中，图像绝对定位以后，覆盖了 h1 标题，我们可以通过 z-index 属性降低它的堆叠顺序。代码如下：

```
  img{
    z-index=-1;
  }
```

这样 h1 标题就叠放在图像的上面，效果如图 9-33 所示。

图 9-33　z-index 改变叠放顺序

三、clip

clip 属性用于定义一个剪裁矩形。该属性控制对 HTML 元素进行裁剪，其属性值如下。

- auto：不裁剪。
- rect(number number number number)：用于在目标元素上定义一个矩形，对于一个绝对定位元素，在这个矩形内的内容才可见。例如下面的代码：

```
<!doctype html>
<html>
<head>
    <meta charset="utf-8">
    <title> clip</title>
    <style type="text/css">
    img{
        position:absolute;
        clip:rect(20px 150px 100px 20px);
        overflow:auto;
    }
    </style>
</head>
```

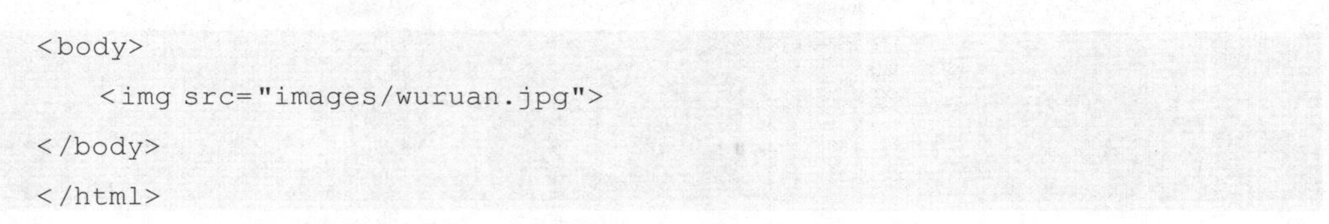

```
<body>
    <img src="images/wuruan.jpg">
</body>
</html>
```

使用 clip 前后的效果图分别如图 9-34 和图 9-35 所示。

图 9-34　使用 clip 前

图 9-35　使用 clip 后

项目十　多媒体

项目导读

如今我们所浏览的网站不仅内容丰富，而且画面精美，强烈地吸引着人们的注意力。它们几乎都包含了丰富的图片、悦耳的音频、生动的视频、精美的动画等可看可听甚至可以与之交互的程序，这些就是多媒体（multimedia）。没有多媒体，我们的网站将只有呆板的文字，毫无生气。可以说，现在的网站中多媒体是不可或缺的。本项目将介绍在网页中插入多媒体的标记及其应用。

任务一　第三方插件及原生应用

在页面上添加声音、动画、视频等多媒体元素可以增强访问者的体验，万维网变得如此流行的原因之一就是这些丰富多彩的元素。

一、第三方插件

在 HTML5 出现之前，为网页添加多媒体的唯一办法就是使用第三方的插件，如 Adobe Flash Player、Quick Time 等。用户安装了第三方插件便可以使用这些插件来播放网页中的多媒体。但是这样也会出现一些问题，如在某个浏览器中嵌入一个视频，而在另一个浏览器（可能没有安装插件）中就可能不会起作用了。并且，有些插件会占用大量的计算机资源，从而导致浏览器的速度变慢。

二、原生多媒体

HTML5 的出现改变了使用第三方插件播放多媒体的状况。HTML5 引入了原生多媒体，即将多媒体播放按钮和其他控件内置到浏览器中，不需要安装插件，只需要一个支持 HTML5的浏览器就可以播放多媒体，这样页面对插件的依赖就大大降低。

任务二 添加视频

实例代码：

```
<!doctype html>
<html>
<head>
    <meta charset="utf-8">
    <title>任务二</title>
</head>
<body>
    <videosrc="video/music.mp4" autoplay controls></video>
    <video controls >
        <source src="video/music.mp4" type="video/mp4">
        <source src="video/music.webm" type="video/webm">
        <p><a href=" video/music.webm" >下载这个视频</a></p>
    </video>
</body>
</html>
```

实例效果图如图 10-1 所示。

一、视频文件格式

HTML5 支持三种视频文件格式，分别如下。

（1）.ogg 或.ogv：是 Ogg Theora 使用的文件，是带有 Theora 视频编码和 Vorbis 音频编码的 Ogg 文件。

（2）.mp4 或.m4v：是带有 H.264 视频编码和 AAC 音频编码的 MPEG 4 文件。

（3）.webm：是带有 VP8 视频编码和 Vorbis 音频编码的 WebM 文件。

注意

并不是所有浏览器都支持以上视频格式。

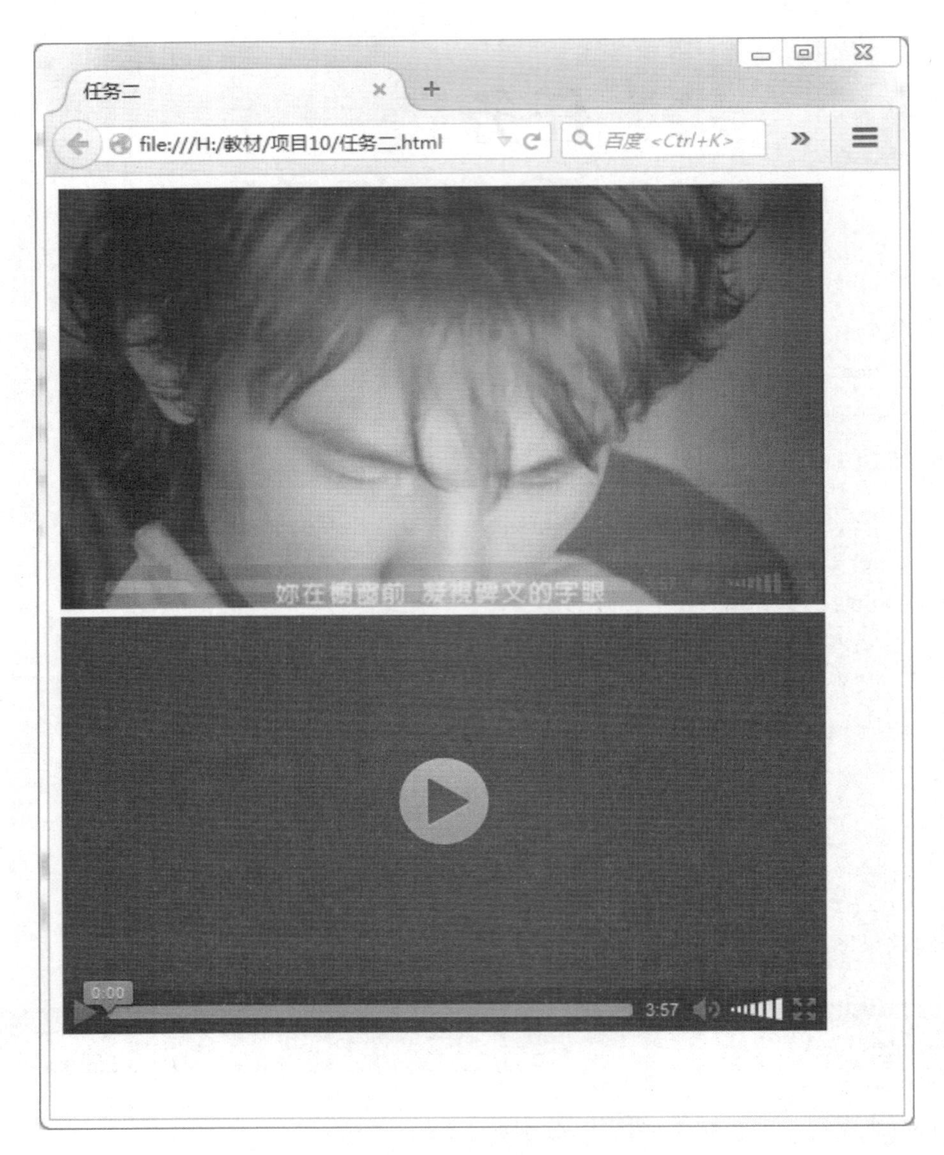

图 10-1 添加视频

二、添加视频文件

1. 添加单个视频

在 HTML 中添加视频需要使用 video 元素，其基本语法格式为：

```
<videosrc="视频路径"></video>
```

video 元素可添加的属性参看表 10-1。

表 10-1 video 元素属性

属性	值	描述
src	url	视频的 URL
height	pixels	视频的高度
width	pixels	视频的宽度
autoplay	autoplay	当视频可以播放时立即开始播放
loop	loop	让视频循环播放
controls	controls	添加浏览器为视频设置的默认控件
preload	preload	告诉浏览器要加载视频内容的多少。 none：不加载任何视频。 metadata：仅加载视频的元数据(如长度、尺寸等)。 auto：让浏览器决定怎么做(默认设置)
muted	muted	让视频静音
poster	url	指定视频加载时要显示的图像的 URL(而不显示视频的第一帧)

例如下面的代码：

```
<video src="video/music.mp4" controls loop width="320" height="240" ></video>
```

注意

每个浏览器都有处理视频控件外观的独特方式。

2. 使用多个视频源

在上面的例子中我们只使用了一个视频文件，但是在实际应用中要获得所有兼容 HTML5 的浏览器的支持，至少需要提供两种格式的视频：MP4 和 WebM。可以在 video 元素中添加 source 元素来为浏览器指定多个视频文件。例如：

```
<video controls width="320" height="240" >
    <source src="video/music.mp4" type="video/mp4">
    <source src="video/music.webm" type="video/webm">
    <p><a href="video/music.mp4" >下载这个视频</a></p>
</video>
```

说明：

(1) source 元素用于定义一个以上的媒体元素。这里为视频定义了两个源：一个 MP4 文件和一个 WebM 文件。

(2) 一个 video 元素中可以包含任意数量的 source 元素，浏览器会加载第一个它支持的 source 元素引用的文件格式，而忽略其他的来源。

(3) 无法播放的 HTML5 视频的浏览器会显示我们提供的消息中的备用链接，例如本例中的 p 元素中的文本。

任务三
添加音频

实例代码：

```
<!doctype html>
<html>
<head>
    <meta charset="utf-8">
    <title>任务三</title>
</head>
<body>
    <audio src="audio/piano.mp3" autoplay controls></audio>
    <audio controls >
        <source src="audio/piano.mp3" type="video/mp3">
        <source src="audio/piano.wav" type="video/webm">
        <p><a href=" audio/piano.mp3" >下载这个音频</a></p>
    </audio>
</body>
</html>
```

实例效果图（见图 10-2）：

图 10-2　添加音频

一、音频文件格式

同 HTML5 视频一样，HTML5 也支持大量不同的音频文件格式，主要有.ogg、.mp3、.wav、.aac、.mp4 和.opus 等几种格式。

二、添加单个音频

向网页中添加音频文件的方法同添加视频文件的方法非常相似，只不过是使用 audio 元素，其基本语法格式为：

```
<audio src="音频路径"></audio>
```

可用于 audio 元素的属性参看表 10-2。

表 10-2　audio 元素属性

属　　性	值	描　　述
src	url	指定音频文件的 URL
autoplay	autoplay	当音频可以播放时立即开始播放
controls	controls	添加浏览器为音频设置的默认控件
loop	loop	让音频循环播放
preload	preload	告诉浏览器要加载音频内容的多少。 none：不加载任何音频。 metadata：仅加载音频的元数据（如长度、尺寸等）。 auto：让浏览器决定怎么做（默认设置）

例如下面的代码：

```
<audio src="audio/piano.mp3" autoplay controls></audio>
```

注意

每个浏览器都有处理音频控件外观的独特方式。

三、使用多个音频源

同样地，在实际应用中要获得所有兼容 HTML5 的浏览器的支持，至少需要提供两种格式的音频。例如：

```
<audio controls >
    <source src="audio/piano.mp3" type="video/mp3">
    <source src="audio/piano.wav" type="video/webm">
    <p><a href=" audio/piano.mp3" >下载这个音频</a></p>
</audio>
```

说明：

（1）source 元素用于定义一个以上的媒体元素。这里为音频定义了两个源。

（2）一个 audio 元素中可以包含任意数量的 source 元素，浏览器会加载第一个它支持的 source 元素引用的文件格式，而忽略其他的来源。

（3）无法播放的 HTML5 音频的浏览器会显示我们提供的消息中的备用链接，例如本例中的 p 元素中的文本。

任务四 添加 Flash 播放器

实例代码：

```
<!doctype html>
<html>
<head>
<meta charset="utf-8">
<title>任务四</title>
    <script src="build/jquery.js"></script>
    <script src="build/mediaelement-and-player.min.js"></script>
    <link rel="stylesheet" href="build/mediaelementplayer.min.css" />
</head>
<body>
    <video controls >
        <source src="video/music.mp4" type="video/mp4">
        <source src="video/music.webm" type="video/webm">
        <p><a href=" video/music.webm" >下载这个视频</a></p>
    </video>
    <br />
    <audio controls >
        <source src="audio/piano.mp3" type="audio/mp3">
        <source src="audio/piano.wav" type="audio/wav">
        <p><a href=" audio/piano.mp3" >下载这个音频</a></p>
```

```
    </audio>
    <script>
        $('video').mediaelementplayer();
        $('audio').mediaelementplayer();
    </script>
</body>
</html>
```

实例效果图(见图 10-3)：

图 10-3　添加 Flash 播放器

在页面中插入视频或音频时除了提供下载链接作为备用方案外，还应该嵌入一个能播放 MP4 视频文件的 Flash 备用播放器，因为要照顾那些无法处理新技术的旧浏览器。嵌入播放器的方法有很多种，这里以 MediaElement. js 为例来演示如何嵌入 Flash 播放器。基本步骤如下。

(1) 访问 http://mediaelementjs. com，下载 Latest 压缩包。

(2) 打开下载的文件，解压后复制文件夹中的 build 文件夹，将其粘贴到站点内。

(3) 在页面文件的 head 头部添加下面的代码:

```
<script src="build/jquery.js"></script>
<script src="build/mediaelement-and-player.min.js"></script>
<link rel="stylesheet" href="build/mediaelementplayer.min.css" />
```

这里链接的外部脚本文件和 CSS 样式表文件是让媒体播放器得以工作的文件,还包括了统一的外观样式文件,这样在所有浏览器中播放器外观都是一样的。

(4) 在页面的 body 主体中添加下面的代码:

```
<video controls >
    <source src="video/music.mp4" type="video/mp4">
    <source src="video/music.webm" type="video/webm">
    <p><a href=" video/music.webm" >下载这个视频</a></p>
</video>
<br />
<audio controls >
    <source src="audio/piano.mp3" type="audio/mp3">
    <source src="audio/piano.wav" type="audio/wav">
    <p><a href=" audio/piano.mp3" >下载这个音频</a></p>
</audio>

<script>
    $('video').mediaelementplayer();
    $('audio').mediaelementplayer();
</script>
```

其中 video 和 audio 元素的部分和之前的内容完全一样,关键在于后面的 script 脚本中添加了播放器的使用。完成了上面的步骤,我们就可以使用嵌入的 Flash 播放器了。

任务五 高级多媒体

使用 HTML5 原生多媒体的另一个好处是可以利用很多来自 HTML5 或 HTML5 相关的新特性和新功能。例如本任务中讨论的两个 canvas 和 SVG。

一、canvas

canvas 这个元素是为了客户端矢量图形而设计的。它自己没有行为,但却把一个绘图 API 展现给客户端 JavaScript 以使脚本能够把想绘制的东西都绘制到一块画布上。

<canvas>标记由 Apple 在 Safari 1.3 Web 浏览器中引入。对 HTML 的这一根本扩展的原因在于，HTML 在 Safari 中的绘图能力也为 Mac OS X 桌面的 Dashboard 组件所使用，并且 Apple 希望有一种方式在 Dashboard 中支持脚本化的图形。Firefox 1.5 和 Opera 9 都跟随了 Safari 的引领。这两个浏览器都支持<canvas>标记。我们甚至可以在 IE 中使用<canvas>标记，并在 IE 的 VML 支持的基础上用开源的 JavaScript 代码(由 Google 发起)来构建兼容性的画布。

二、SVG

SVG 是可缩放矢量图形，是基于可扩展标记语言(标准通用标记语言的子集)，用于描述二维矢量图形的一种图形格式。它由万维网联盟制定，是一个开放标准。

与其他图像格式相比，使用 SVG 的优势在于：

- SVG 可被非常多的工具读取和修改(比如记事本)；
- SVG 与 JPEG 和 GIF 图像比起来，尺寸更小，且可压缩性更强；
- SVG 是可伸缩的；
- SVG 图像可在任何分辨率下被高质量地打印；
- SVG 可在图像质量不下降的情况下被放大；
- SVG 图像中的文本是可选的，同时也是可搜索的(很适合制作地图)；
- SVG 可以与 Java 技术一起运行；
- SVG 是开放的标准；
- SVG 文件是纯粹的 XML。

今天，所有浏览器均支持 SVG 文件，不过需要安装插件的 Internet Explorer 除外。插件是免费的，比如 Adobe SVG Viewer。

项目十一　表　单

项目导读

表单是实现动态网页的一种主要的外在形式，是网页中最常用的组件。本项目首先对表单 form 标记的各种属性进行了介绍，然后对表单中常用的输入类控件、多行文本控件、选择框控件等进行了举例讲解。此外，本章还对 HTML5 新增的表单内容进行了说明。

任务一　表单概述

表单在网页中主要负责数据采集功能，它可以将用户输入的信息传递到服务器，因此表单是实现客户端浏览器与远程服务器之间交互的重要元素。在互联网上，表单被广泛用于各类信息的搜集和反馈。例如，图 11-1 就是一个用于页面登录的表单。

还不是得意生活网会员？火速注册一个！

用户名　输入用户名或点击左侧选择其他方式登录

密码　请输入密码

安全提问　安全提问(未设置请忽略)

下次自动登录 | 忘记密码？

登　录

微博一键登录　QQ一键登录

图 11-1　表单示例

图 11-1 中的表单允许用户在文本框中输入“用户名”和“密码”，单击“登录”按钮，填写的表单内容将被传送到服务器，由服务器进行具体的处理，然后确定下一步的操作。

一般来说，表单的信息处理过程为：当单击表单中的提交按钮（按钮名称可以是“登录”“确定”“同意”等）时，输入在表单中的信息就会上传到服务器中，然后由服务器的有关应用程序进行处理，处理后或者将用户提交的信息储存在服务器端的数据库中，或者将有关的信息返回到客户端浏览器上。

任务二　创建表单

实例代码：

```
<!doctype html>
<html>
<head>
    <meta charset="utf-8">
    <title>任务二</title>
</head>

<body>
    <h1>用户调查</h1>
    <form action="mailto:songsong@51vc.com" method="get" name="invest">
<fieldset>
<legend>基本信息</legend>
<label for="username">姓名:</label>
<input type="text" name="username" id="username" value="name" ><br>
<label for="password">密码:</label>
<input type="password" name="password" id="password"  maxlength="8"><br>
<label for="photo">请上传你的照片:</label>
<input type="file" name="photo" id="photo" ><br>
</fieldset>
<fieldset>
<legend>个人资料</legend>
<p>请选择你喜欢的音乐(可多选):
<input type="checkbox" name="music" id="rock" value="rock" checked><label
for="rock">摇滚乐</label>
<input type="checkbox" name="music" id="jazz" value="jazz"><label for="jazz">
```

```
爵士乐</label>
<input type="checkbox" name="music" id="pop" value="pop"><label for="pop">
流行乐</label>
</p>
<p>请选择你居住的城市:
<input type="radio" name="city" id="beijing" value="beijing" checked><la-
bel for="beijing">北京</label>
<input type="radio" name="city" id="shanghai"value="shanghai"><label for=
"shanghai">上海</label>
<input type="radio" name="city" id="nanjing" value="nanjing"><label for=
"nanjing">南京</label>
</p>
<p>
<label for="color">请选择你最喜欢的颜色(可多选):</label>
<select name="color" id="color" size="4" multiple>
<option value="red" selected>红色</option>
<option value="blue">蓝色</option>
<option value="white">白色</option>
<option value="green">绿色</option>
</select>
</p>
<p>
<label for="season">请选择你最喜欢的季节:</label>
<select name="color" id="season">
<option value="red" selected>春</option>
<option value="blue">夏</option>
<option value="white">秋</option>
<option value="green">冬</option>
</select>
</p>
</fieldset>
<label for="comment">请留言:</label><br />
<textarea name="comment" id="comment" rows="5" cols="40">......</textarea>
<br>
<input type="hidden" name="step" value="8">
<input type="button" value="关闭窗口"onClick="winClose()">
<input type="image"src="button.jpg">
<p>
<input type="submit" name="submit" value="提交表单">
<input type="reset" name="reset" value="重置表单">
</p>
```

```
    </form>
</body>
</html>
```

实例效果图(见图 11-2)：

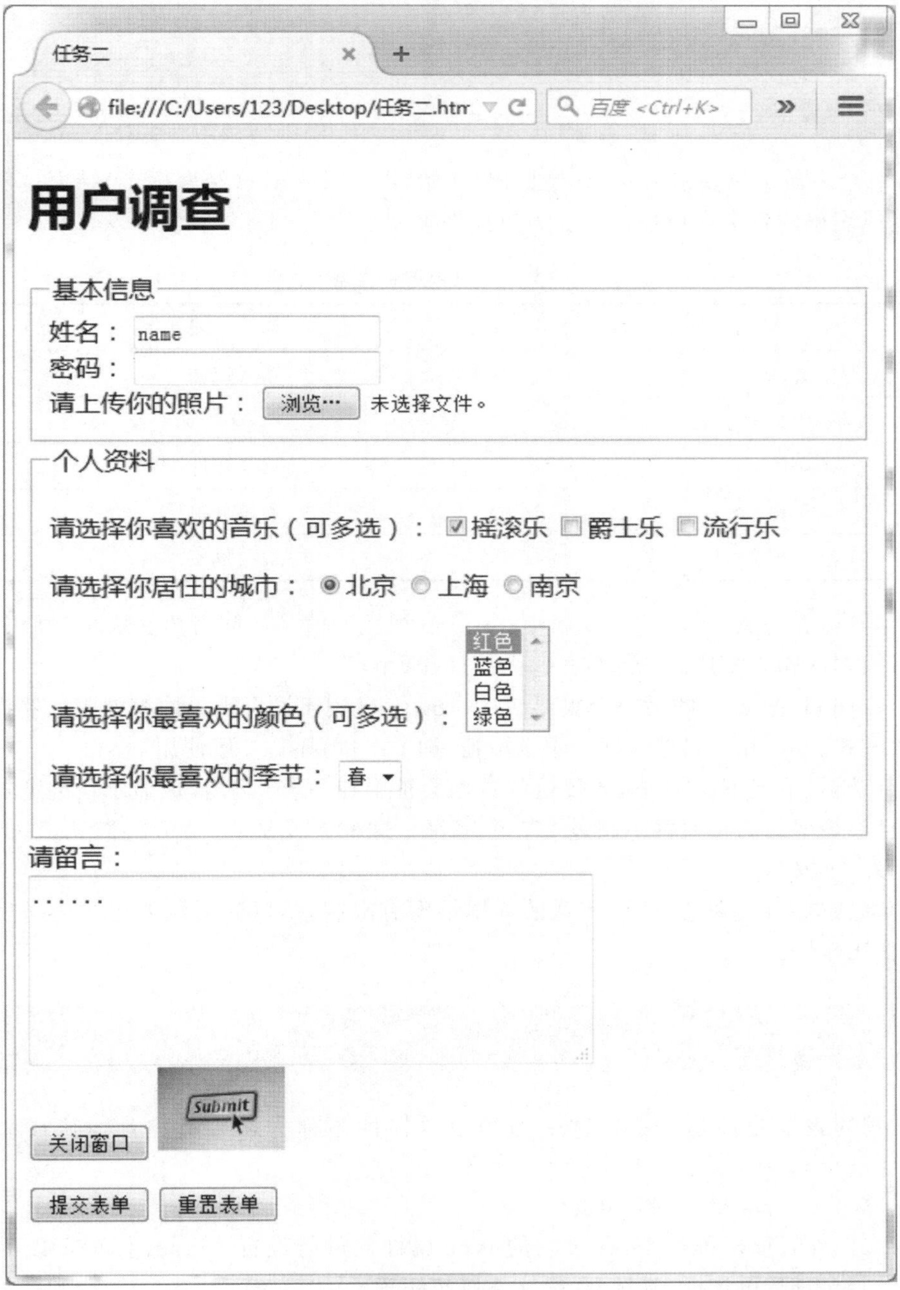

任务二

file:///C:/Users/123/Desktop/任务二.htm

百度 <Ctrl+K>

用户调查

基本信息

姓名：name

密码：

请上传你的照片： 浏览… 未选择文件。

个人资料

请选择你喜欢的音乐（可多选）： ☑摇滚乐 ☐爵士乐 ☐流行乐

请选择你居住的城市： ◉北京 ○上海 ○南京

请选择你最喜欢的颜色（可多选）： 红色 蓝色 白色 绿色

请选择你最喜欢的季节： 春

请留言：

……

Submit

关闭窗口

提交表单　重置表单

图 11-2　创建表单

一、表单标记及属性

form 是表单元素，用来标记一个表单。其基本语法格式为：

```
<form method="formethod"  action="url" >
   …
</form>
```

说明：

(1) 每个表单都以<form>(开始标记)开始，以</form>(结束标记)结束。两个标记之间是组成表单的各类表单控件等。表单控件类型参照表 11-1。

表 11-1　表单控件类型

标　记　名	描　　述
input	输入控件
textarea	多行文本框
select	选择控件
fieldset	表单分组
label	说明标签

(2) action 是 form 的一个重要属性。action 属性的值是访问者提交表单时服务器上对数据进行处理的脚本 URL。例如：action="check. jsp"。

(3) method 是 form 的另一个重要属性。method 用于设置表单内容向服务器提交时数据的传送方式。method 属性有两个可选取值，即 get 和 post，一般使用 post。

● get 方式：在这种方式下，要传送的数据会被附加在 url 之后，被显示在浏览器的地址栏中，而且被传送的数据通常不超过 255 个字符。这种方式是 method 的默认值，但对数据的保密性差，不安全。

● post 方式：在这种方式下，传送的数据量没有限制，是以数据流的形式传送表单数据的，但速度比较慢。

二、input 元素

最常用的表单控件是 input，这一类的表单控件被称为输入类控件。其基本语法格式为：

```
<input type="输入控件类型" >
```

输入类控件有很多种类型，通过它的 type 属性值进行设置。input 标记可以为表单提供单行文本输入框、单选框、复选框、提交重置按钮等。

输入控件的类型参照表 11-2。

表 11-2　type 属性

type 属性	描　　述
text	文本框
password	密码框
radio	单选框
checkbox	复选框
file	文件上传框
hidden	隐藏域
button	普通按钮
submit	提交按钮
reset	重置按钮
image	图像域(图像提交按钮)

1. 文本框 text

文本框提供最常用的文本输入功能,它可以包含一行无格式的文本。其基本语法格式为:

```
<input type="text"  name=" field_name "  value="default value"  size="value" maxlength="value" />
```

文本框的属性参照表 11-3。

表 11-3　文本框属性

文本框属性	描　　述
name	文本框名字,这个值是必需的
value	文本框的默认值
size	文本框的宽度
maxlength	文本框的最大输入字符数

例如下面的代码:

```
<input type="text" name="username" id="username" value="name" >
```

2. 密码框 password

表单中还有一种文本框的形式为密码框,密码框的外观和文本框没有太大区别,但是在该控件中输入的内容会用 * 号或者圆点显示。其基本语法格式为:

```
<input type="password" name=" field_name "  value="default value" size="value" maxlength="value" />
```

密码框的属性同文本框。例如:

```
<input type="password" name="password" id="password"  maxlength="8">
```

3. 单选框 radio

单选框能够在一组项目中进行单项选择，每一个项目以一个圆框表示。其基本语法格式为：

```
<input type="radio" name="field_name" checked value="value" />
```

单选框的属性参照表 11-4。

表 11-4 单选框的属性

单选框属性	描　　述
name	单选框名字(同一组单选框的名字必须相同，否则达不到多选一的效果)
checked	单选框初始状态被选中(缺省时代表未被选中)
value	单选框的预设值(向服务器提交数据时传递的值)

例如下面的代码：

```
<p>请选择你居住的城市：
<input type="radio" name="city" id="beijing" value="beijing" checked><la-
bel for="beijing">北京</label>
<input type="radio" name="city" id="shanghai"  value="shanghai"><label for
="shanghai">上海</label>
<input type="radio" name="city" id="nanjing" value="nanjing"><label for=
"nanjing">南京</label>
</p>
```

4. 复选框 checkbox

复选框与单选框的差异是复选框可在一组提供的选项中选择多个甚至全部。其基本语法格式为：

```
<input type="checkbox" name="field_name" checked value="value" />
```

单选框的属性参照表 11-5。

表 11-5 复选框的属性

复选框属性	描　　述
name	复选框名字(同一组复选框的名字必须相同)
checked	复选框初始状态被选中(缺省时代表未被选中)
value	复选框的预设值(向服务器提交数据时传递的值)

例如下面的代码：

```
<p>请选择你喜欢的音乐(可多选)：
<input type="checkbox" name="music" id="rock" value="rock" checked><label
for="rock">摇滚乐</label>
```

```
<input type="checkbox" name="music" id="jazz" value="jazz"><label for=
"jazz">爵士乐</label>
<input type="checkbox" name="music" id="pop" value="pop"><label for="pop">
流行乐</label>
</p>
```

5. 文件上传框 file

文件上传框为用户提供了一种在线上传文件的方式，其基本语法格式为：

```
<input type="file" name="field_name"/>
```

例如下面的代码：

```
<input type="file" name="photo" id="photo">
```

6. 隐藏域

当从表单搜集的信息被传送到远程服务器时，可能要发送一些不适合被用户看见的数据。这些数据有可能是后台程序需要的一个用于设置表单收件人信息的变量，也可能是在提交表单后后台程序将要重新发至用户的一个 URL。要发送这类不能让表单使用者看到的信息，必须使用一个隐藏表单对象——隐藏域。其基本语法格式为：

```
<input type="hidden" name="hiddenname" value="given value">
```

其中 value 属性指定隐藏域的预设值，即要传送的值。

例如下面的代码：

```
<input type="hidden" name="step" value="8">
```

7. 普通按钮 button、提交按钮 submit 与重置按钮 reset

按钮的功能是供用户单击并可以激发某些动作。表单中的按钮有三种类型：普通按钮 button、提交按钮 submit 与重置按钮 reset。其基本语法格式为：

```
<input type="button||submit||reset" name="buttonname" value="text">
```

其中 value 属性指定按钮上显示的文本。

(1) 普通按钮：可以绑定脚本程序执行某些动作。例如：

```
<input type="button" value="关闭窗口"onClick="winClose()">
```

这里的 onClick="winClose()"指单击按钮时调用脚本函数“winClose()”。

(2) 提交按钮：可以激发提交表单的动作。例如：

```
<input type="submit" name="submit" value="提交表单">
```

(3) 重置按钮：可以将表单恢复到初始的状态。例如：

```
<input type="reset" name="reset" value="重置表单">
```

8. 图像提交按钮 image

使用默认按钮形式会让人觉得很单调，如果网页使用了较为丰富的色彩，或稍微复杂的设计，再使用表单默认的按钮形式就会破坏整体的美感。这时，可以创建和网页整体效果相统一的图像提交按钮。图像提交按钮是指可以用在提交按钮位置上的图片，这幅图片具有按钮的功能。其基本语法格式为：

```
<input type="image" name="imagename"  src="URL" align="">
```

图像提交按钮的属性参照表 11-6。

表 11-6　图像提交按钮的属性

图像提交按钮属性	描　　述
name	图像提交按钮的名字
src	使用图像的路径
align	图像提交按钮的对齐方式

例如下面的代码：

```
<input type="image"src="button.jpg" align="middle">
```

三、select 元素

菜单是一种最节省空间的方式，正常状态下只能看到一个选项，单击按钮打开菜单后才能看到全部的选项。列表是可以显示一定数量的选项，如果超出了这个数量，就会自动出现滚动条，浏览者可以通过拖动滚动条来观看各个选项。

HTML 语言支持具有选择功能的标记 select，使用它可以生成菜单或列表。其基本语法格式为：

```
<select size="number" multiple>
    <option value="string" selected="selected" disabled>…</option>
    …
</select>
```

说明：

(1) select 是一个容器元素，标记一个菜单或列表。它所包含的 option 元素标记菜单或列表中的每一项。

(2) select 的属性 size 值为 1(默认值)时，可以得到菜单；当 size 值大于 1 而小于总项数时，可以得到列表。

(3) 当 select 使用 multiple 属性时，用户可同时选择列表中的多项内容。

(4) option 标记的 value 属性值是菜单或列表项的预设值，是提交表单时传递到服务器的值。

(5) option 标记的 selected 属性指定该项被选取，默认第一项被选取。

(6) option 标记的 disabled 属性指定该项不可用。

例如下面的代码：

```
    <label for="season">请选择你最喜欢的季节:</label>
<select name="color" id="season">
<option value="red" selected>春</option>
<option value="blue">夏</option>
<option value="white">秋</option>
<option value="green">冬</option>
</select>
```

四、textarea 元素

textarea 元素标记多行输入的文本域，它可以用于数据的输入，又可用于数据的显示区域。其基本语法格式为：

```
<textarea name="areaname" cols="number" rows="number" value="value" readonly >text</textarea>
```

多行文本框的属性参照表 11-7。

表 11-7　多行文本框的属性

多行文本框属性	描　　述
name	多行文本框的名称
cols	多行文本框的列数
rows	多行文本框的行数
value	多行文本框的默认值
readonly	设定多行文本区只读，不能修改和编辑

例如下面的代码：

```
<textarea name="comment" id="comment" rows="5" cols="40">……</textarea>
```

五、label 元素

label 是描述表单控件用途的文本。比如，在用户应该输入用户名的文本框前，可能有"请输入用户名："的提示文字。可以使用 label 元素标记这些文字。其基本语法格式为：

```
<label for="idname">文本标签</label>
```

说明：

(1) label 元素所标记的内容是表单控件的提示文本，即文本标签。

(2) label 有一个特殊的属性：for。如果 for 的值与表单控件的 id 值相同，这样该 label 就与该表单控件关联起来了。关联后可以实现：

- 如果用户单击文本标签，与之对应的表单控件就会获得焦点；
- 屏幕阅读器会将文本标签与相应的字段一起念出来。

例如下面的代码：

```
    <label for="username">姓名:</label>
<input type="text" name="username" id="username" value="name" >
```

因此，label 元素对提升表单的可用性和可访问性有很大帮助。

六、fieldset 元素

如果表单上有很多信息需要填写，可以使用 fieldset 标记将相关的元素组合在一起称为一个组，并且可以给组提供一个标题，这样表单更容易理解。其基本语法格式为：

```
<fieldset>
    <legend>分组标题</legend>
    …
</fieldset>
```

说明：

（1）一个表单中可以有多个 fieldset 组。

（2）legend 元素为每个 fieldset 提供一个标题，用于描述每个组的目的。legend 虽然不是必需的，但是它可以提高表单的可访问性，因为有的浏览器和屏幕阅读器会将 legend 文本念出来。

例如下面的代码：

```
<fieldset>
<legend>基本信息</legend>
<label for="username">姓名:</label>
        …
</fieldset>
```

任务三 HTML5 新增的元素属性

实例代码：

```
<!doctype html>
<html>
<head>
    <meta charset="utf-8">
    <title>任务三</title>
</head>
<body>
<form action=" " method="get" id="myform" autocomplete="on" novalidate=
"true">
<label for="name">Name:</label>
<input type="text" name="name" id="name" placeholder="请输入用户名" autofo-
cus required /><br />
<label for="email">E-mail:</label>
<input type="email" name="email" id="email" autocomplete="off"  /><br />
<label for="code">code:</label>
<input type="text" name="code" id="code" pattern="[0-9]{6}" title="Six num-
ber code" /><br />
```

```
<label for="range">range:</label>
<input type="range"  id="range" min="10" max="30"><br />
<label for="color">color:</label>
<input type="color"  id="color" /><br />
<label for="link">Webpage:</label>
<input type="url" list="url_list" name="link" id="link" />
<datalist id="url_list">
<option label="W3School" value="http://www.w3school.com.cn" />
<option label="Google" value="http://www.google.com" />
<option label="Microsoft" value="http://www.microsoft.com" />
</datalist>
<br />
<input type="submit" value="登录"formaction="load.html" formmethod="get"
/>
<input type="submit" value="注册"formaction="register.html" formmethod=
"post" />
</form>
<textarea form="myform"></textarea>
</body>
</html>
```

实例效果图(见图 11-3)：

图 11-3　HTML5 新增元素属性

HTML 表单一直都是 Web 的核心技术之一，有了它我们才能在 Web 上进行各种各样的应用。HTML5 表单新增了许多新控件及其 API，方便我们做更复杂的应用，而不用借助其他 JavaScript 框架。

一、form

在 HTML5 中,可以在页面的任何地方添加新的表单控件,而不必要一定放在 form 标记的开始标记和结束标记之间。但是要给添加的表单控件增加一个 form 属性,其值为表单的 id 名。例如:

```
<formaction=" " method="get" id="myform">
    ...
</form>
<textarea form="myform"></textarea>
```

多行文本框 textarea 放置在表单 myform 外,可以通过属性 form="myform"将它添加到表单中。

二、input 控件类型

HTML5 给 input 表单控件增加了很多新的 type 类型,参照表 11-8。

表 11-8　HTML5 中 input 控件新增类型

<table>
<tr><th>input type</th><th>用　途</th><th colspan="3">说　明</th></tr>
<tr><td>email</td><td>电子邮件地址文本框</td><td colspan="3"></td></tr>
<tr><td>url</td><td>网页 URL 文本框</td><td colspan="3"></td></tr>
<tr><td rowspan="5">number</td><td rowspan="5">数值的输入域</td><td>属性</td><td>值</td><td>描述</td></tr>
<tr><td>max</td><td>number</td><td>规定允许的最大值</td></tr>
<tr><td>min</td><td>number</td><td>规定允许的最小值</td></tr>
<tr><td>step</td><td>number</td><td>规定合法的数字间隔</td></tr>
<tr><td>value</td><td>number</td><td>规定默认值</td></tr>
<tr><td rowspan="5">range</td><td rowspan="5">特定值的范围的数值,以滑动条显示</td><td>属性</td><td>值</td><td>描述</td></tr>
<tr><td>max</td><td>number</td><td>规定允许的最大值</td></tr>
<tr><td>min</td><td>number</td><td>规定允许的最小值</td></tr>
<tr><td>step</td><td>number</td><td>规定合法的数字间隔</td></tr>
<tr><td>value</td><td>number</td><td>规定默认值</td></tr>
<tr><td>date pickers</td><td>日期、时间选择器</td><td colspan="3">包含 date、month、week、time、datetime、datetime-local</td></tr>
<tr><td>search</td><td>用于搜索引擎,比如在站点顶部显示的搜索框</td><td colspan="3">与普通文本框用法一样,只不过这样更语文化</td></tr>
<tr><td>color</td><td>颜色选择器</td><td colspan="3"></td></tr>
</table>

将 input 控件声明为以上特殊类型，是为了给用户呈现不同的输入界面，而且表单提交时会对其值做进一步的验证。例如下面的代码：

```
<input type="email" name="email" />
<input type="range" min="10" max="30"/>
<input type="color" />
```

三、input 表单控件属性

1. formaction 和 formethod

HTML5 允许在一个表单中添加多个提交按钮，并且可以给每个提交按钮添加 formaction 属性，指定单击不同的按钮时将表单提交到不同的页面，还可以通过 formethod 属性指定不同的提交方式。例如：

```
<input type="submit" value="登录"formaction="load.html" formmethod="get" />
<input type="submit" value="注册"formaction="register.html"
formmethod="post" />
```

2. placeholder

通过 placeholder 属性，可以在文本框中添加提示文字以指导用户输入，当鼠标单击文本框时，提示文字会消失。placeholder 和 value 的区别是，value 文字不会消失并且会发送到服务器，而 placeholder 文字不会被发送。例如：

```
<input type="text" placeholder="请输入用户名" />
```

3. autocomplete

浏览器通过 autocomplete 属性能够知晓是否应该保存用户输入的值以备将来使用。autocomplete 用以保护用户敏感数据，避免本地浏览器对它们进行不安全的存储。autocomplete 的属性值参照表 11-9。

表 11-9　autocomplete 属性值

类　　型	作　　用
on	该字段无须保护，值可以被保存和恢复
off	该字段需要保护，值不可以保存
unspecified	包含<form>的默认设置，如果没有被包含在表单中或没有指定值，则行为表现为 on

例如下面的代码：

```
<form action="" method="get" autocomplete="on">
    <label for="name">Name:</label>
<input type="text" name="name" id="name" placeholder="请输入用户名" autofo-
cus required /><br />
```

```
<label for="email">E-mail:</label>
    <input type="email" name="email" id="email" autocomplete="off"  />
</form>
```

在用户提交过一次表单后，再次访问，name 的输入框会提示曾输入的值，而 email 则不会提示。

4. autofocus

页面载入时，我们可以通过 autofocus 属性指定某个表单控件获得焦点，但每个页面只允许出现一个 autofocus。例如：

```
<input  type="text" name="name" autofocus />
```

5. list 属性和 datalist

通过使用 list 属性，能够为某个 input 控件构造一个选值列表。例如：

```
<input  type="url" list="url_list" name="link" />
<datalist  id="url_list">
  <option  label="W3School" value="http://www.w3school.com.cn" />
  <option  label="百度" value="http://www.baidu.com" />
  <option  label="新浪微博" value="http://weibo.com" />
</datalist>
```

6. required

required 属性规定必须在提交表单之前填写输入控件（不能为空），它是表单验证最简单的一种方法。例如：

```
<input  type="text" name="name" required />
```

7. pattern

pattern 属性规定用于验证 input 控件的模式。我们可以通过 pattern 属性指定输入控件的输入模式（比如 type 为 email 或 url 的输入模式），如果 value 值即用户输入的值不符合其模式，提交表单时将通不过验证。例如：

```
<input type="text" name="code"
pattern="[0-9]{6}" title="Six number code" />
```

上面的代码要求在文本框中输入六个数字，如果不符合的话表单提交时验证不通过。

8. novalidate

novalidate 属性规定在提交表单时不验证 form 或 input 控件。例如：

```
<form action=" " method="get"novalidate="true">
    E-mail: <input type="email" name="user_email" />
    <input type="submit" />
</form>
```

无论在电子邮件文本框中输入什么值，提交表单时都不会去验证。

任务四 设置表单样式

实例代码：

```
<!doctype html>
<html>
<head>
    <meta charset="utf-8">
    <title>任务四</title>
    <style type="text/css">
    *{
            margin: 0px;
            padding: 0px;
    }
    body {
            font-family: "微软雅黑";
            font-size: 14px;
    }
    #wrapper {
            width: 450px;
            margin: 0 auto;
    }
    h1 {
            font-size: 28px;
            margin: 30px 0;
    }
    fieldset legend {
            font-size: 20px;
            background:url(1.png) no-repeat;
            padding-left:30px;
    }
    fieldset {
        background-color: #f1f1f1;
        border: none;
        margin-bottom: 12px;
        overflow: hidden;
```

```
        padding: 0 10px;
    }
    ul {
        background-color: #fff;
        list-style: none;
        margin: 12px;
        padding: 10px;
    }
    li {
        margin: 0.5em 0;
    }
    label {
        display: inline-block;
        padding: 3px 6px;
        text-align: right;
        width: 120px;
        vertical-align: top;
    }
    .large{
        background:#E2F7FC;
        width:200px;
        border:1px solid #CCC;
    }
    textarea {
        font: inherit;
        height:100px;
    }
    .radios {
        display: inline;
        margin: 0;
        padding: 0;
    }
    .radios ul {
        display: inline-block;
        list-style: none;
        margin: 0;
        padding: 0;
    }
    .radios li {
        margin: 0;
        display: inline-block;
```

```
    }
    .radios label {
        margin-right: 25px;
        width:auto;
    }
    .radios input {
        width:20px;
        margin-top:5px;
    }
    .checkboxes{
        margin:0;
        padding:0;
    }
    .checkboxes input{
        margin:7px 10px 0 10px;
    }
    .checkboxes label {
        text-align: left;
        width:auto;
    }
    .create_profile {
        background-color:#06F;
        border: none;
        color: #fff;
        margin: 12px;
        padding: 3px;
        width:100px;
    }
</style>

</head>
<body>
<div id="wrapper">
<h1>申请账号</h1>
<form method="post" action="" id="register" name="register">
<fieldset>
<legend>基本信息</legend>
<ul>
<li>
<label for="username">用户名:</label>
<input type="text" id="username" name="username" class="large" required
```

```
placeholder="请输入你的用户名" />
</li>
<li>
<label for="password">密码:</label>
<input name="password" type="password" class="large" id="password" />
</li>
<li>
<label for="password2">再次输入密码:</label>
<input name="password2" type="password" class="large" id="password2" />
</li>
</ul>
</fieldset>
<fieldset>
<legend>联系方式</legend>
<ul>
<li>
<label for="email">电子邮件:</label>
<input type="email" id="email" name="email" class="large" />
</li>
<li>
<label for="street_address">公司地址:</label>
<input type="text" id="street_address" name="street_address" class="large"
/>
</li>
<li>
<label for="country">国家</label>
<select name="country" class="small" id="country">
<option value="China" selected>中国</option>
<option value="American">美国</option>
<option value="German">德国</option>
</select>
</li>
</ul>
</fieldset>
<fieldset>
<legend>个人信息</legend>
<ul>
<li>
<label for="picture">头像:</label>
<input type="file" id="picture" name="picture" />
</li>
```

```
<li>
<label for="web_site">主页:</label>
<input type="url" id="web_site" name="web_site" class="large" />
</li>
<li>
<label for="bio">自我介绍:</label>
<textarea id="bio" name="bio" rows="4" cols="50" class="large"></textarea>
</li>
<li>
<label>性别:</label>
<fieldset class="radios">
    <ul>
        <li>
        <input type="radio" id="gender_male" name="gender" value="male" />
    <label for="gender_male">男</label>
        </li>
<li>
    <input type="radio" id="gender_female" name="gender" value="female" />
    <label for="gender_female">女</label>
</li>
</ul>
</fieldset>
</li>
</ul>
</fieldset>
<fieldset>
<ul class="checkboxes">
<li>
<input type="checkbox" id="email_ok_msg_from_users" name="email_signup[]"
value="user_emails" />
<label for="email_ok_msg_from_users">愿意接收来自其他用户的信息</label>
</li>
<li>
<input type="checkbox" id="email_ok_occasional_updates" name="email_signup
[]" value="occasional_updates" />
<label for="email_ok_occasional_updates">愿意接收我们其他产品的优惠信息</la-
bel>
</li>
</ul>
</fieldset>
<fieldset>
```

```
<input type="submit" class="create_profile" value="申请账号" />
</fieldset>
</form>
</div>
</body>
</html>
```

实例效果图(见图 11-4)：

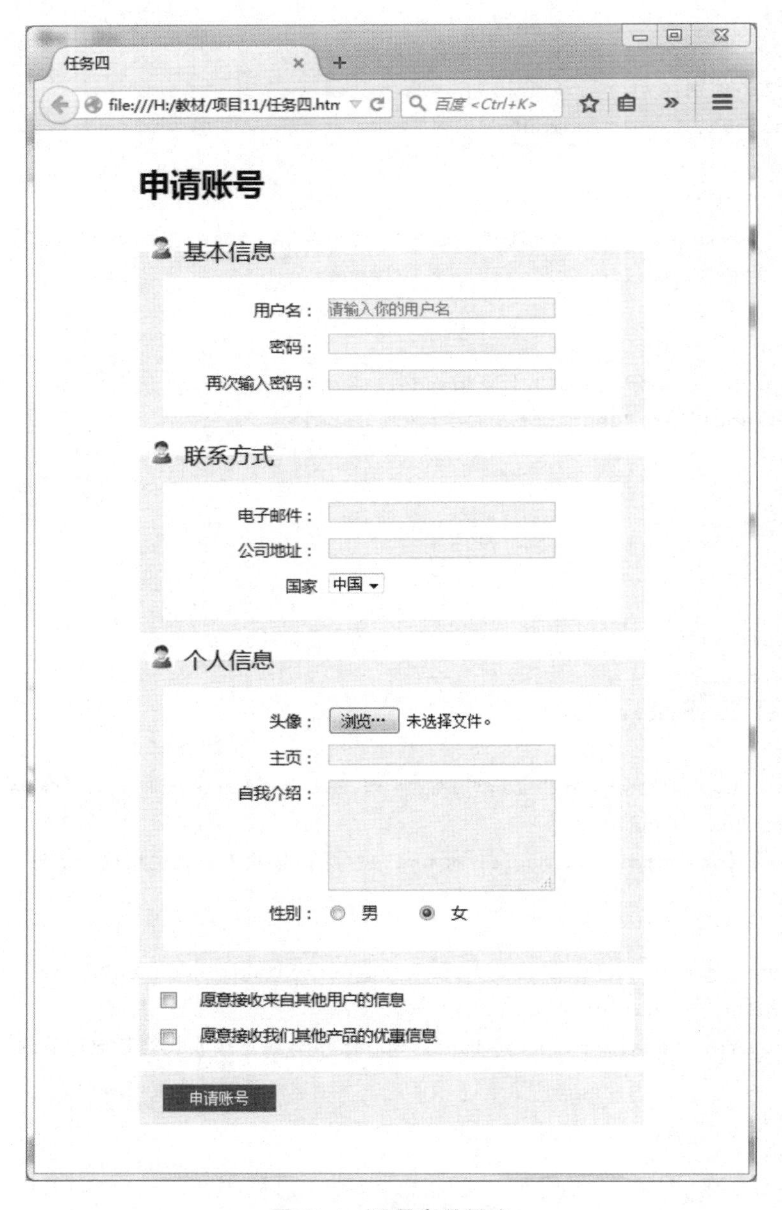

图 11-4　设置表单样式

本任务在 HTML 表单的基础上添加了 CSS 代码，对表单进行了美化。制作页面内容的具体步骤如下。

(1) 添加 HTML 代码。首先，完成 HTML 的结构内容部分。

① 新建页面，在 title 标记中输入“任务四”作为页面标题；

② 使用 id 为 wrapper 的 div 将 body 所有元素包裹起来；

③ 在表单中，将所有控件用四个 fieldset 元素分成四组；

④ 每个表单区域中的表单控件由无序列表 ul 来组织；

⑤ 表单控件使用说明标签 label。

HTML 代码如下：

```
<body>
<div id="wrapper">
<h1>申请账号</h1>
<form method="post" action="" id="register" name="register">
<!—基本信息开始 -->
      <fieldset>
<legend>基本信息</legend>
<ul>
<li>
<label for="username">用户名:</label>
<input type="text" id="username" name="username" class="large" required
placeholder="请输入你的用户名" />
</li>
<li>
<label for="password">密码:</label>
<input name="password" type="password" class="large" id="password" />
</li>
<li>
<label for="password2">再次输入密码:</label>
<input name="password2" type="password" class="large" id="password2" />
</li>
</ul>
</fieldset>
        <!—基本信息结束 -->

        <!—联系方式开始 -->
<fieldset>
<legend>联系方式</legend>
<ul>
<li>
<label for="email">电子邮件:</label>
```

```
<input type="email" id="email" name="email" class="large" />
</li>
<li>
<label for="street_address">公司地址:</label>
<input type="text" id="street_address" name="street_address" class="large"
/>
</li>
<li>
<label for="country">国家</label>
<select name="country" class="small" id="country">
<option value="China" selected>中国</option>
<option value="American">美国</option>
<option value="German">德国</option>
</select>
</li>
</ul>
</fieldset>
       <!—联系方式结束 -->

       <!—个人信息开始 -->
<fieldset>
<legend>个人信息</legend>
<ul>
<li>
<label for="picture">头像:</label>
<input type="file" id="picture" name="picture" />
</li>
<li>
<label for="web_site">主页:</label>
<input type="url" id="web_site" name="web_site" class="large" />
</li>
<li>
<label for="bio">自我介绍:</label>
<textarea id="bio" name="bio" rows="4" cols="50" class="large"></textarea>
</li>
<li>
<label>性别:</label>
<fieldset class="radios">
   <ul>
       <li>
       <input type="radio" id="gender_male" name="gender" value="male" />
```

```
    <label for="gender_male">男</label>
        </li>
  <li>
      <input type="radio" id="gender_female" name="gender" value="female" />
      <label for="gender_female">女</label>
  </li>
  </ul>
  </fieldset>
  </li>
  </ul>
  </fieldset>
          <!—个人信息结束 -->

          <!—邮件信息开始 -->
  <fieldset>
  <ul class="checkboxes">
  <li>
  <input type="checkbox" id="email_ok_msg_from_users" name="email_signup[]"
  value="user_emails" />
  <label for="email_ok_msg_from_users">愿意接收来自其他用户的信息</label>
  </li>
  <li>
  <input type="checkbox" id="email_ok_occasional_updates" name="email_signup
  []" value="occasional_updates" />
  <label for="email_ok_occasional_updates">愿意接收我们其他产品的优惠信息</la-
 bel>
  </li>
  </ul>
  </fieldset>
          <!—邮件信息结束 -->

  <fieldset>
  <input type="submit" class="create_profile" value="申请账号" />
  </fieldset>
  </form>
  </div>
```

(2) 在 head 头部添加样式。

① 设置网页整体样式，将 wrapper 宽度设为 450px，并将其设为水平居中。

```
*{
        margin: 0px;
        padding: 0px;
}
body {
        font-family: "微软雅黑";
        font-size: 14px;
}
#wrapper {
        width: 450px;
        margin: 0 auto;
}
```

② 设置一级标题的大小和间距。

```
h1 {
        font-size: 28px;
        margin: 30px 0;
}
```

③ 设置四个表单区域 fieldset、legend、列表 ul、li 的背景和间距，设置 label 以块形式显示。

```
fieldset legend {
            font-size: 20px;
            background:url(1.png) no-repeat;
            padding-left:30px;
}
fieldset {
    background-color: #f1f1f1;
    border: none;
    margin-bottom: 12px;
    overflow: hidden;
    padding: 0 10px;
}
ul {
    background-color: #fff;
    list-style: none;
    margin: 12px;
    padding: 10px;
}
li {
    margin: 0.5em 0;
}
label {
```

```
    display: inline-block;
    padding: 3px 6px;
    text-align: right;
    width: 120px;
    vertical-align: top;
}
```

④ 设置各个表单控件的样式。

```
.large{
        background:#E2F7FC;
        width:200px;
        border:1px solid #CCC;
    }
textarea {
    font: inherit;
    height:100px;
}
.radios {
    display: inline;
    margin: 0;
    padding: 0;
}
.radios ul {
    display: inline-block;
    list-style: none;
    margin: 0;
    padding: 0;
}
.radios li {
    margin: 0;
    display: inline-block;
}
.radios label {
    margin-right: 25px;
    width:auto;
}
.radios input {
    width:20px;
    margin-top:5px;
}
.checkboxes{
    margin:0;
```

```
        padding:0;
    }
    .checkboxes input{
        margin:7px 10px 0 10px;
    }
    .checkboxes label {
        text-align: left;
        width:auto;
    }
    .create_profile {
        background-color:#06F;
        border: none;
        color: #fff;
        margin: 12px;
        padding: 3px;
        width:100px;
    }
```

最终完成的表单如图 11-4 所示。

项目十二　使用CSS3进行增强

项目导读

CSS3 是 CSS 技术的升级版本，CSS3 增加了很多新的属性，例如创建圆角、渐变、阴影及调整透明度等。近年来，浏览器发展的脚步明显加快，吸纳了很多新的 CSS3 属性。本项目将介绍如何使用一些流行且实用的 CSS 属性创建更加丰富的页面效果。

任务一　使用 CSS3

一、渐进增强

虽然目前浏览器对 CSS3 的兼容性大大加强，但仍有一些浏览器对某些新的属性不能很好地支持。那么，我们对这些新的属性要放弃吗？答案当然是否定的。因此，设计者们提出了一种渐进增强的概念。所谓渐进增强，是强调创建所有用户都能访问（无论使用什么浏览器）的基本内容和功能。简单地说，渐进增强意味着网站在不同浏览器中的外观和行为不一样是完全可以接受的，只要基本内容是可以访问的。

二、polyfill

如果想平衡较弱的浏览器与较强的浏览器之间的差异，可以使用 polyfill（又称为垫片）。polyfill 通常使用 JavaScript 实现，它可以为较弱的浏览器提供一定程度的对 HTML5 和 CSS3 的 API 和属性的支持，同时如果浏览器本身就有能力支持，polyfill 就会自动退出。不过，这种做法会对页面性能产生一定的负面影响，因为较弱的浏览器运行 JavaScript 的速度较慢。

举个例子，Modernizer（www.modernizer.com）就是一个 JavaScript 库，它允许用户探测浏览器是否支持创建优化网站体验所需的特定的 HTML5、CSS3 及其他的特性。

三、厂商前缀

浏览器厂商以前就一直在实施 CSS3，虽然它还未成为真正的标准，但却提供了针对浏览器的前缀。

每个主流浏览器都有其自身的前缀。

Chrome（谷歌浏览器）：-webkit-。

Safari（苹果浏览器）：-webkit-。

Firefox（火狐浏览器）：-moz-。

IE（IE 浏览器）：-ms-。

Opera（欧朋浏览器）：-o-。

例如，CSS3 渐变样式在 Firefox 和 Safari 中是不同的。Firefox 使用-moz-linear-gradient，而 Safari 使用-webkit-gradient，这两种语法都使用了厂商类型的前缀。

需要注意的是，在使用有厂商前缀的样式时，也应该使用无前缀的，这样可以保证当浏览器移除了前缀，使用标准 CSS3 规范时，样式仍然有效。例如：

```
#example {
    -webkit-box-shadow: 0 3px 5px #FFF;
    -moz-box-shadow: 0 3px 5px #FFF;
    -o-box-shadow: 0 3px 5px #FFF;
    box-shadow: 0 3px 5px #FFF;/*无前缀的样式*/
}
```

任务二 圆角

实例代码：

```
<!doctype html>
<html lang="en">
<head>
    <meta charset="utf-8" />
    <title>任务二</title>
    <style type="text/css">
        /*设置页面中四个 div 的大小及位置*/
        div{
          background:#999;
```

```
            float:left;
            height:150px;
            margin:10px;
            width:150px;
        }
        /*设置第一个 div:四个圆角的半径都是 20px*/
        .all-corners{
            -moz-border-radius:20px;
            -webkit-border-radius:20px;
            border-radius:20px;
        }
        /*设置第二个 div:左上角的圆角半径是 75px*/
        .one-corner{
            -moz-border-top-left-radius:75px;
            -webkit-border-top-left-radius:75px;
            border-top-left-radius:75px;
        }
        /*设置第三个 div:左上角和右下角的圆角半角是 50px,左下角和右上角的圆角半径
是 20px*/
        .elliptical-corners{
            -moz-border-radius:50px 20px;
            -webkit-border-radius:50px 20px;
            border-radius:50px 20px;
        }
        /*设置第四个 div:四个圆角的半径都是 50%,即为宽度或者高度的一半,这样可以得
到圆形*/
        .circle{
            -moz-border-radius:50%;
            -webkit-border-radius:50%;
            border-radius:50%;
        }
    </style>
</head>
<body>
    <div class="all-corners"></div>
    <div class="one-corner"></div>
    <div class="elliptical-corners"></div>
    <div class="circle"></div>
</body>
</html>
```

实例效果图(见图 12-1)：

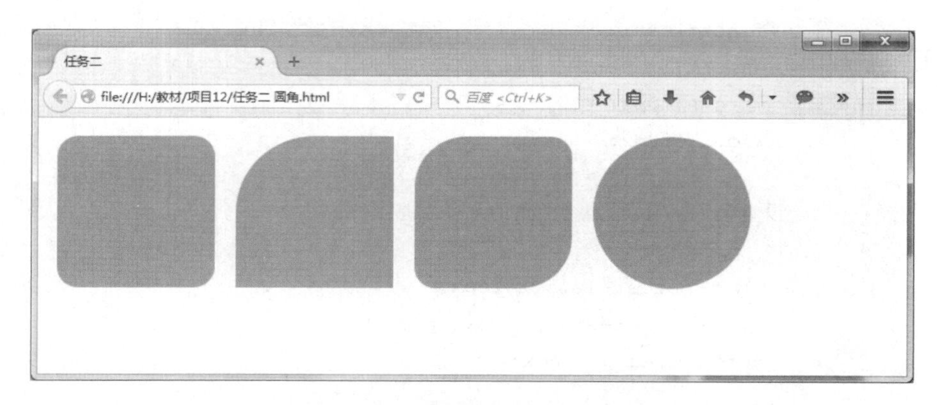

图 12-1 使用 CSS3 设置圆角

使用 CSS3，可以在不引入额外的标记或图像的情况下，为大多数元素（包括表单元素、图像、段落文本）创建圆角。创建圆角的属性是：border-radius。

border-radius 属性的使用方法同 margin、padding 属性一样，有短形式和长形式两种语法，可以用来分别设置上、下、左、右四个圆角半径不同的值或者相同的值。方法如下：

1. 短形式语法

例如：

```
border-radius:20px;
/*四个圆角的半径都是 20px*/
border-radius:50%;
/*四个圆角的半径都是 50%，即为宽度或者高度的一半，这样可以得到圆形*/
border-radius:5px 6px 7px 8px;
/*四个圆角的半径按照从左上角开始顺时针方向分别是 5px、6px、7px、8px*/
```

2. 长形式语法

例如：

```
border-top-left-radius:20px;
/*左上角圆角半径是 20px*/
border-top-right-radius:20px;
/*右上角圆角半径是 20px*/
border-bottom-left-radius:20px;
/*左下角圆角半径是 20px*/
border-bottom-right-radius:20px;
/*右下角圆角半径是 20px*/
```

在使用圆角的过程中要注意以下几点：

- 不支持 border-radius 的旧的浏览器仅会以方角呈现元素；
- border-radius 仅影响设置该样式的元素的角，不会影响其子元素的角；
- 有时元素的背景会透过圆角。为了避免这种情况，可以增加一条样式规则“background-clip:padding-box;”，指定背景显示范围在内边距。

任务三 为文本添加阴影和应用多重背景

一、为文本添加阴影

实例代码：

```
<!doctype html>
<htmllang="en">
<head>
    <meta charset="utf-8" />
    <title>任务三</title>
    <style type="text/css">
        /*设置所有段落的样式*/
        p{
            color:#222;
            font-size:50px;
            font-weight:bold;
        }
        /*设置第一个段落的阴影效果*/
        .basic{
            text-shadow:3px 3px #aaa;
        }
        /*设置第二个段落的阴影效果*/
        .basic-negative{
            text-shadow:-4px -5px #bbb;
        }
        /*设置第三个段落的阴影效果*/
        .blur{
            text-shadow:5px 5px 10px #0000FF;
        }
        /*设置第四个段落的阴影效果*/
        .blur-inversed{
            text-shadow:3px 3px 10px #000;
            color:#FFF;
        }
        /*设置第五个段落的阴影效果*/
```

```
        .multiple{
            text-shadow:3px 3px #FFCC00,
                        5px 5px #FF0000;
        }
    </style>
</head>
<body>
    <p class="basic">基本阴影</p>
    <p class="basic-negative">基本阴影</p>
    <p class="blur">模糊阴影</p>
    <p class="blur-inversed">模糊阴影</p>
    <p class="multiple">多重阴影</p>
</body>
</html>
```

实例效果图(见图 12-2)：

图 12-2　文本阴影

使用 CSS3 的 text-shadow 属性，可以在不使用图像表示文本的情况下，为段落、标题等元素中的文本设置动态的阴影效果。

text-shadow 属性使用的基本语法为：

```
text-shadow:x-offset y-offset blur-radius color;
```

这里的四个属性值的含义如下。

- x-offset：阴影的水平偏移量，可以是正整数或者负整数。正数阴影左偏移，负数阴影右偏移。
- y-offset：阴影的垂直偏移量，可以是正整数或者负整数。正数阴影下偏移，负数阴影上偏移。
- blur-radius：阴影的模糊半径，该值可以省略，即假定为 0，得到没有模糊效果的阴影。
- color：阴影的颜色。

例如下面的代码：

```
text-shadow:3px 3px #aaa;
text-shadow:-4px -5px #bbb;
text-shadow:5px 5px 10px #0000FF;
text-shadow:3px 3px 10px #000;
text-shadow:3px 3px #FFCC00,
            5px 5px #FF0000;
/*最后一个给文本设置了两个阴影(多重阴影)*/
```

二、应用多重背景

实例代码：

```
<!doctype html>
<html lang="en">
<head>
    <meta charset="utf-8" />
    <title>任务三</title>
    <style type="text/css">
    body{
        background-color:#6CF;
        background-image:url(img/opacity.jpg),url(img/bg_flower.gif);
        background-position:20px 120px,50%0;
        background-repeat:no-repeat,no-repeat;*/
        /*background:url(img/opacity.jpg) 20px 120px
no-repeat,url(img/bg_flower.gif) 50%0  no-repeat;*/
    }
    </style>
</head>
```

```
<body>
</body>
</html>
```

实例效果图(见图 12-3)：

图 12-3　多重背景

为单个 HTML 元素指定多个背景是 CSS3 引入的一个特性。通过减少对某些元素的需求(这类元素的存在只是为了用 CSS 添加额外的图像背景)，指定多重背景便可以简化 HTML 代码，并让它容易理解和维护。多重背景几乎可以应用于任何元素。

使用多重背景有长语法形式和短语法形式两种，分别如下。

1. 长语法形式

需要单独设置以下四个背景属性。

- background-color：为元素设置备用的背景颜色。
- background-image：多个图像路径，中间用逗号隔开
- background-position：每个背景图像都有一组 x-offset 和 y-offset 值，代表其位置，两个值中间用空格分隔开。每组图像的位置值中间用逗号分隔开。
- background-repeat：每个背景图像的重复方式，用逗号分隔开。

例如下面的代码：

```
body{
    background-image:url(img/opacity.jpg),url(img/bg_flower.gif);
    background-position:20px 120px,50% 0;
    background-repeat:no-repeat no-repeat;
}
```

2. 短语法形式

使用 background 复合属性来指定多个背景，例如上面的代码可以改写为：

```
background:url(img/opacity.jpg) 20px 120px no-repeat,url(img/bg_flower.gif)
50% 0  no-repeat;
```

任务四 使用渐变背景

实例代码：

```
<!doctype html>
<html lang="en">
<head>
    <meta charset="utf-8" />
    <title>任务四</title>
    <style type="text/css">
        /*所有 div 的样式*/
        div{
            width:200px;
            height:200px;
            color:#fff;
            font-size:20px;
            float:left;
            margin:20px;
        }
        /*从左到右的线性渐变*/
        .horizontal-rt{
            background:#000;
            background: linear-gradient(to right,#666,#000,#333);
        }
        /*渐变线角度为 30 度的线性渐变*/
        .angel{
```

```
            background:#000;
            background:linear-gradient(30deg,#ccc,#000);
        }
        /*渐变原点在顶部的径向渐变*/
        .radial-top{
            background:#000;
            background:radial-gradient(at top,#ccc,#000);
        }
        /*多种颜色的渐变*/
        .multi{
            background:#000;
            background:linear-gradient(red 50%,blue 90%,yellow);
        }
        /*设置径向渐变尺寸*/
        .radial-size{
            background:radial-gradient(100px 50px at bottom,yellow,red);
        }
    </style>
</head>
<body>
    <div class="horizontal-rt"><p>线性渐变 to right</p></div>
    <div class="angel"><p>线性渐变 30deg</p></div>
    <div class="radial-top"><p>径向渐变 at top</p></div>
    <div class="multi"><p>多种颜色的渐变</p></div>
    <div class="radial-size"><p>设置径向渐变的尺寸</p></div>
</body>
</html>
```

实例效果图如图12-4所示。

渐变背景gradient属性也是CSS3中的新特性,通过它可以在不使用图像的情况下给元素创建从一种颜色到另一种颜色的过渡的背景。渐变背景可以用于大多数元素,包括div等。其基本语法结构为:

```
background:type(point,c1,p1,c2,p2,…,cn,pn);
```

属性值type指渐变类型,有以下两种类型。

(1) linear-gradient:线性渐变。

(2) radial-gradient:径向渐变。

属性值type中的各个参数含义如下。

(1) point:渐变开始的位置,可以省略。

线性渐变时,其值有以下几种情况。

- to bottom:从上到下的渐变,该值是线性渐变的默认缺省值,通常不需要设置。此外,还可以是to top、to left、to right、to bottom right、to bottom left、to top right、to top left。

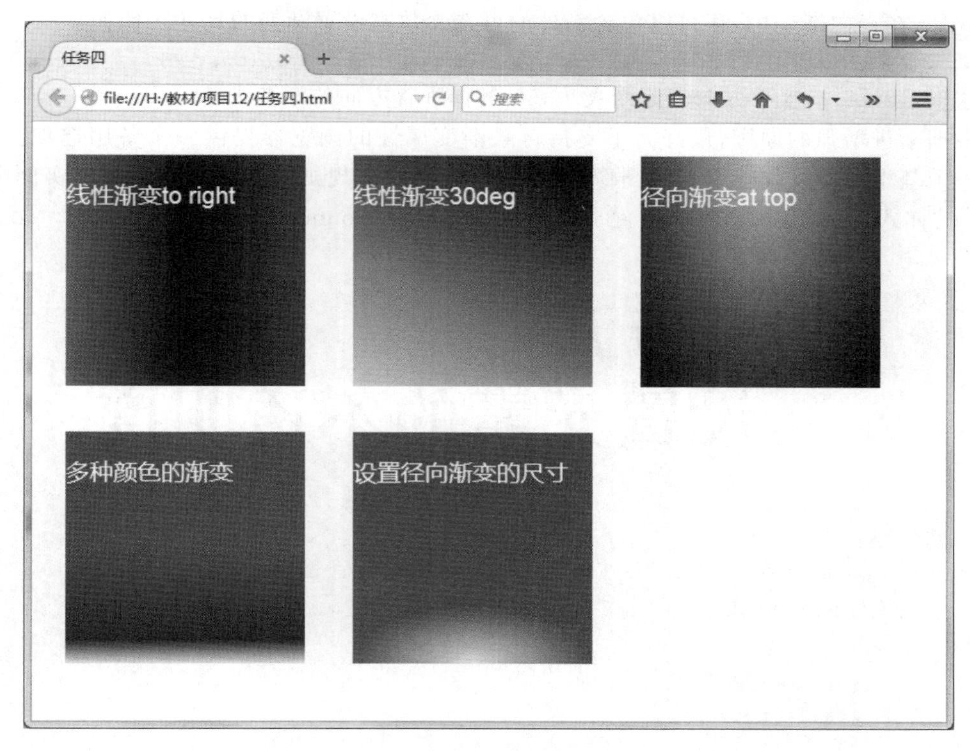

图 12-4　渐变背景

● angel 值：渐变开始的角度值，如 0deg、180deg，指渐变线的位置在从垂直方向开始沿逆时针方向转过该角度。

径向渐变时，point 的值可以是 center 和 at top。

● center：渐变原点是元素的中心，该值是径向渐变的默认缺省值，通常不需要设置。

● at top：渐变原点是元素的顶部。此外，还可以是 at bottom、at bottom left 等。并且可以通过坐标值指定渐变原点的具体位置，例如 at 70px 90px、at 10% 30%。

（2）c1，p1，c2，p2，…，cn，pn：c 指渐变过程中的颜色，可以是两个颜色的渐变，也可以是多个颜色的渐变；p 指对应颜色的位置，使用 0～100%表示，可以省略。需要注意的是，p1 指起始渐变颜色的开始位置，而其他的 p 指该颜色对应的渐变停止位置。

例如下面的代码：

```
/*从左到右的线性渐变*/
background: linear-gradient(to right,#666,#000,#333);
/*渐变线角度为 30 度的线性渐变*/
background:linear-gradient(30deg,#ccc,#000);
/*渐变原点在顶部的径向渐变*/
background:radial-gradient(at top,#ccc,#000);
/*多种颜色的线性渐变*/
background:linear-gradient(red 50%,blue 90%,yellow);
```

此外，在径向渐变中，还可以包含额外的可选参数来设置渐变的尺寸。例如：

```
background:radial-gradient(100px 50px at bottom,yellow,red)。
```

这里，100px 指水平方向的渐变大小，50px 指垂直方向的渐变大小。

根据渐进增强的原则，最好为不支持背景渐变属性的浏览器提供一个备用选项。它可以是一个基本的背景颜色或背景图像，通常放在背景渐变规则的前面。在上面的实例中，每个 div 的样式中，渐变背景前都设置了一个基本的 background 背景颜色。

任务五 设置元素的不透明度

实例代码：

```
<!doctype html>
<html lang="en">
<head>
    <meta charset="utf-8" />
    <title>任务五</title>
    <style type="text/css">
        /*页面背景*/
        body{
            background:#F00 ;
        }
        /*两个 div 的样式*/
        div{
            background:#000;
            padding:20px;
            width:200px;
            color:#FFF;
        }
        /*第二个 div 的透明度*/
        div#div2{
            opacity:0.6;
        }
        /*鼠标移动到第二个 div 上时的透明度变化*/
        div#div2:hover{
            opacity:1;
        }
    </style>
```

```
    </head>
    <body>
        <div id="div1">
            <p>文本不透明</p>
            <img src="12/img/opacity.jpg" width="200" height="200"  />
        </div>
        <div id="div2">
            <p>文本透明</p>
            <img src="12/img/opacity.jpg" width="200" height="200"  />
        </div>
    </body>
    </html>
```

实例效果图(见图 12-5)：

图 12-5　设置元素的不透明度

使用 CSS3 的 opacity 属性可以为页面中的元素(包括图像)设置不透明度,其基本语法格式为:

```
opacity:o;
```

这里的 o 表示元素的不透明程度(两位小数,不带单位),其取值范围是 0.00(完全透明)~1.00(完全不透明)。例如,opacity:.05;、opacity:.2;opacity:0.75;。小数点前后的 0 可有可无。所有元素的 opacity 默认值为 1(完全不透明)。

任务六 使用 Web 字体

实例代码:

```
<!doctype html>
<html>
<head>
    <meta charset="utf-8">
    <title>任务六</title>
    <style type="text/css">
    @font-face{
        font-family:'Webfont_text';
        src:url('font/AlexBrush-Regular-OTF.otf') format('OpenType');
    }
    p{
        font-family:Webfont_text;
    }
    </style>
</head>
<body>
    <p>使用 Web 字体</p>
</body>
</html>
```

图 12-6 使用 Web 字体

实例效果图如图 12-6 所示。

过去,我们在设计网页时只能够使用有限的字体,因为只有用户的客户端浏览器安装的字体才能够显示。但是,现在有了 Web 字体,就有了大量的字体可供选择。

CSS 提供了@font-face 规则,允许用户使用服务器上的字体,只要在页面的样式规则中定义了字体的名称和路径。其基本语法格式为:

```
@font-face{
    font-family:自定义字体名;
    src:URL format(字体文件的格式);
}
```

说明：

（1）font-family属性值中使用一个字体名字来声明使用服务器端的字体，该名字可以任意取。

（2）src属性指定服务器端字体的字体文件所在的路径，format属性值声明字体文件的格式，该值可以省略。

例如下面的代码：

```
@font-face{
    font-family:'Webfont_text';
    src:url('font/AlexBrush-Regular-OTF.otf') format('OpenType');
}
p{
    font-family:Webfont_text;
}
```

在p标记的样式中使用了我们定义的Web字体'Webfont_text'。

Web字体的文件格式有以下几种类型。

1．内嵌OpenType

在使用@font-face时，IE8及之前的版本仅支持内嵌OpenType(.eot)。内嵌OpenType是Microsoft的一项专有格式，它使用数字版权管理技术防止在未经许可的情况下使用字体。

2．TrueType和OpenType

TrueType(.ttf)和OpenType(.otf)是计算机广泛支持的标准字体文件类型，Mozilla Firefox(3.5及之后的版本)、Opera(10及之后的版本)、Safari(3.1及之后的版本)、Mobile Safari(iOS4.2及之后的版本)、Google Chrome(4.0及之后的版本)及Internet Explorer(9及之后的版本)均支持它们。

3．Web开放字体格式

Web开放字体格式(.woff)是一种较新的标准，它是专为Web字体设计的。Web开放字体格式的字体是经压缩的TrueType字体或OpenType。WOFF格式还允许在文件上附加额外的元数据。字体设计人员或厂商可以利用这些元数据，在原字体信息的基础上，添加额外的许可证或其他信息。这些元数据不会以任何方式影响字体的表现，但经用户请求，这些元数据可以呈现出来。Mozilla Firefox(3.6及之后的版本)、Opera(11.1及之后的版本)、Google Chrome(6.0及之后的版本)及Internet Explorer(9及之后的版本)均支持Web开放字体格式。

项目十三　综 合 实 例

项目导读

结合前面项目所介绍的各项 HTML 元素标记的应用、使用 CSS 进行页面布局及页面美化的方法，本项目将完整地介绍制作一个页面的流程，具体页面效果如图 13-1 所示。

图 13-1　综合实例页面效果

任务一 网页框架构建及素材的准备

一、绘制页面结构草图

首先根据期望达到的页面效果绘制页面结构草图（在草稿纸上或在绘图软件中），标识出可能需要使用到的页面结构标记，如 header、nav、div 等；标识出页面中超链接部分；标识出页面中文字内容属于哪一级标题、段落还是列表；判断页面中出现的图片是使用插入图片 img 还是设置背景图片 background-image。页面结构草图如图 13-2 所示。

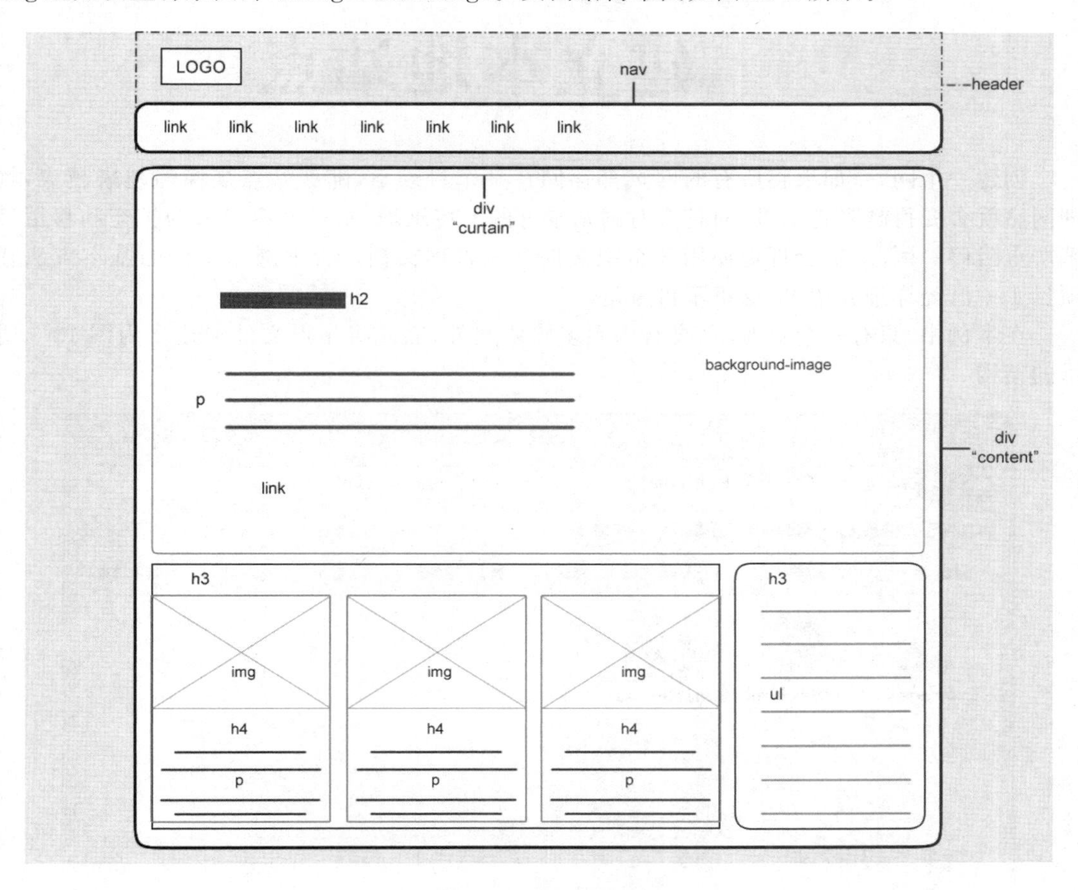

图 13-2　页面结构草图

二、素材准备

准备好页面中需要用到的各类素材以及显示效果，主要有以下几个方面。

- 文字素材：准备好标题、段落、列表中的文字。
- 图片素材：准备好插入图片与背景图片。
- 配色方案：选定页面背景颜色、区域背景颜色、文字颜色、字体大小、边框样式等。
- 多媒体元素：如果需要，准备好音频、视频、Flash 等素材。
- 页面效果：考虑哪些元素需要用到 CSS3 中新增的特效，如圆角、渐变背景、多重背景、阴影等。

任务二 建立本地站点

创建一个网站，如果将所有的网页都存储在一个目录下，随着站点规模的越来越大，管理网站就会变得越来越困难，而且会对网站本身的上传维护、站点内容未来的扩充和移植带来严重阻碍。因此，应合理地使用和组织文件夹来管理文档。管理网站文件的基本方法在项目 1 中已经详细介绍过，这里不再重复。

在本例中，只有一个页面，且没有用到多媒体文件，因此将站点文件夹建立为图 13-3 所示的结构。

图 13-3 站点文件夹

图 13-3 中，在 images 文件夹中放置页面所需图片，index. html 为本页面，master. css 为外部样式表文件。

任务三 使用 HTML 创建页面结构

使用 HTML 创建页面结构的步骤如下。

(1) 新建页面，在 title 标记中输入“综合实例——graVis”作为页面标题。

(2) 观察整个页面内容，根据语义来选择使用哪个标记。为了方便设置整个页面内容的样式，使用 id 为 wrapper 的 div 将所有元素包裹起来。

(3) 页面最上方的导航条使用 header 和 nav；下方主体内容用 class 为 content 的 div 包裹起来，其中上部用 class 为 curtain 的 div 装载，左下方用 class 为 leftspan 的 div 装载，右下方用 class 为 rightbox 的 div 装载。

最终完成的 HTML 代码如下：

```
<!doctype html>
<html>
<head>
<meta charset="utf-8">
    <title>综合实例——graVis</title>
    <linkhref="master.css" rel="stylesheet" />
</head>
<body>
<!--页面开始 -->
<div id="wrapper">

<!--页首开始 -->
<header><imgsrc="img/logo.png" width="105" height="46" />
<!--主导航开始 -->
<nav>
<ul>
<li><a href="#">Home</a></li>
<li><a href="#">About</a></li>
<li><a href="#">Features</a></li>
<li><a href="#">Portfolio</a></li>
<li><a href="#">Pricing</a></li>
<li><a href="#">Blog</a></li>
<li><a href="#">Contact</a></li>
</ul>
</nav>
<!--主导航结束 -->
</header>
<!--页首结束 -->

<!--主体内容开始 -->
<div class="content">

<!--窗帘部分开始 -->
<div class="curtain">
<h2>HTML5</h2>
```

```
<p>Lorem ipsum dolor sit amet,consectetuer adipiscing elit,sed diam nonummy
nibh euismod tincidunt ut laoreet dolore magna aliquam erat volutpat.</p>
<a href="#">READ MORE</a></div>
<!--窗帘部分结束 -->

<!--左侧内容开始 -->
<div class="leftspan">
<h3>Latest Works</h3>
<div class="span1"><img src="img/car.jpg" width="210" />
<h4>Mobile App</h4>
<p>Lorem ipsum dolor sit amet,consectetur adipisicing elit,sed do eiusmod
tempor incididunt ut labore et dolore magna aliqua. Ut enim ad minim veniam</p>
</div>
<div class="span2"><img src="img/web_app1.jpg" width="210"  />
<h4>Mobile App</h4>
<p>Lorem ipsum dolor sit amet,consectetur adipisicing elit,sed do eiusmod
tempor incididunt ut labore et dolore magna aliqua. Ut enim ad minim veniam</p>
</div>
<div class="span3"><img src="img/mobile_app1.jpg" width="210"  />
<h4>Mobile App</h4>
<p>Lorem ipsum dolor sit amet,consectetur adipisicing elit,sed do eiusmod
tempor incididunt ut labore et dolore magna aliqua. Ut enim ad minim veniam</p>
</div>
</div>
<!--左侧内容结束 -->

<!--右侧内容开始 -->
<div class="rightbox">
<h3>Why graVis? </h3>
<ul>
<li>Fully responsive so your content will always look good on any screen size
</li>
<li>Awesome sliders give you the opportunity to showcase important content
</li>
<li>Tested on iPhone and iPad with Retina Display</li>
<li>Multiple layout options for home pages,portfolio section & blog section
</li>
<li>We offer very good support because we care about your site as much as you do
</li>
<li>Over 400 Icons</li>
```

```
</ul>
</div>
<!--右侧内容结束 -->

<div class="clear"></div>
</div>
<!--主体内容结束 -->
<div class="clear"></div>

</div>
<!--页面结束 -->
</body>
</html>
```

在浏览器中查看页面效果如图 13-4 所示。

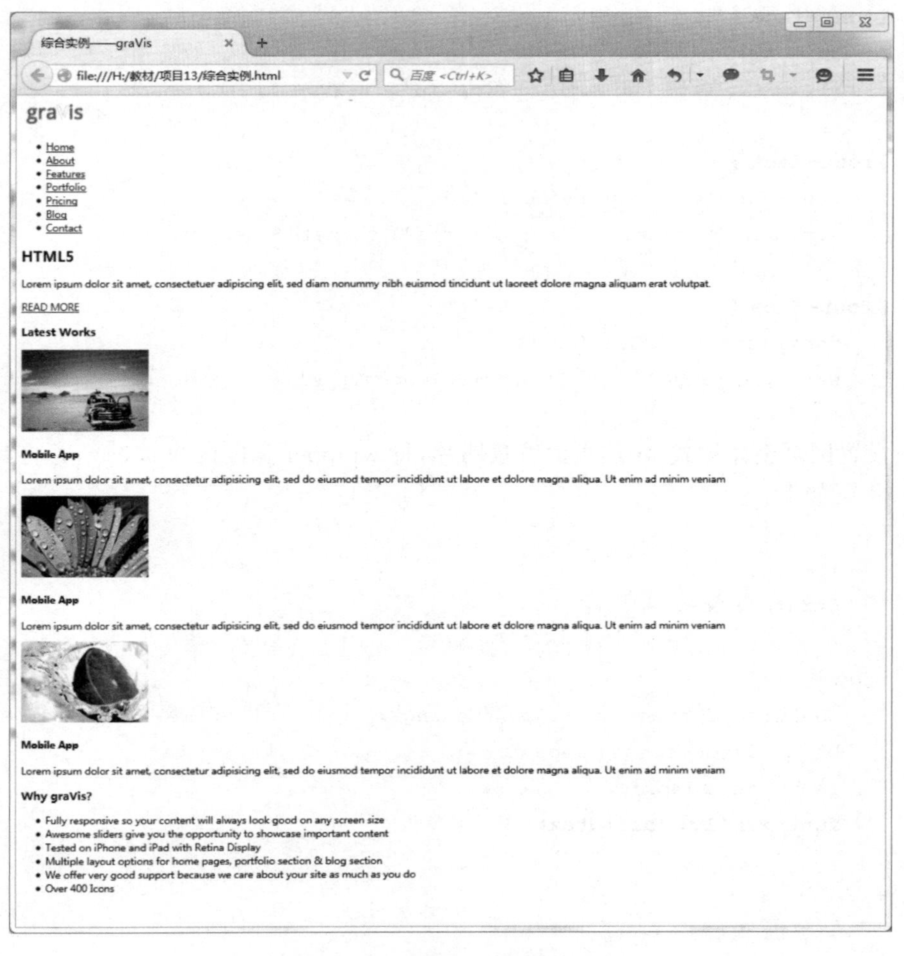
综合实例——graVis
file:///H:/教材/项目13/综合实例.html
gra is
Home
About
Features
Portfolio
Pricing
Blog
Contact
HTML5
Lorem ipsum dolor sit amet, consectetuer adipiscing elit, sed diam nonummy nibh euismod tincidunt ut laoreet dolore magna aliquam erat volutpat.
READ MORE
Latest Works
Mobile App
Lorem ipsum dolor sit amet, consectetur adipisicing elit, sed do eiusmod tempor incididunt ut labore et dolore magna aliqua. Ut enim ad minim veniam
Mobile App
Lorem ipsum dolor sit amet, consectetur adipisicing elit, sed do eiusmod tempor incididunt ut labore et dolore magna aliqua. Ut enim ad minim veniam
Mobile App
Lorem ipsum dolor sit amet, consectetur adipisicing elit, sed do eiusmod tempor incididunt ut labore et dolore magna aliqua. Ut enim ad minim veniam
Why graVis?
Fully responsive so your content will always look good on any screen size
Awesome sliders give you the opportunity to showcase important content
Tested on iPhone and iPad with Retina Display
Multiple layout options for home pages, portfolio section & blog section
We offer very good support because we care about your site as much as you do
Over 400 Icons

图 13-4　HTML 页面效果图

任务四 使用 CSS 布局并美化页面

在本项目中我们采用外部样式文件给页面添加 CSS 样式。首先新建样式表文件 master. css,然后在 HTML 文件的 head 标记中链接外部样式表,代码如下：

```
<link href="master.css" rel="stylesheet" />
```

接着,在外部样式表文件 master. css 中依次设置页面各个部分的样式。主要样式包括以下几个部分。

(1) 载入 Web 字体。代码如下：

```
@font-face {
    font-family: 'droidtext';
    src: url('DroidSans.ttf') format('TrueType');
}
@font-face {
    font-family: 'economicabold';
    src: url('Economica-Bold-OTF.otf') format('OpenType');
}
@font-face {
    font-family: 'BEBAS';
    src: url('BEBAS___.ttf') format('OpenType');
}
```

(2) 设置网页整体样式,添加页面背景图片,将 wrapper 宽度设为 950px,并将其设为水平居中。代码如下：

```
*{
    margin: 0px;
    padding: 0px;
}
body {
    background-image: url(img/tbg.png);
    background-repeat: repeat;
    font-size: 14px;
    font-family: 'droidtext';
}
#wrapper {
    width: 950px;
```

```
        margin: 0 auto;
    }
    .clear {
        clear: both;
    }
```

(3) 设置页首中的图片以及导航条样式,并为导航条添加圆角和阴影,效果如图 13-5 所示。

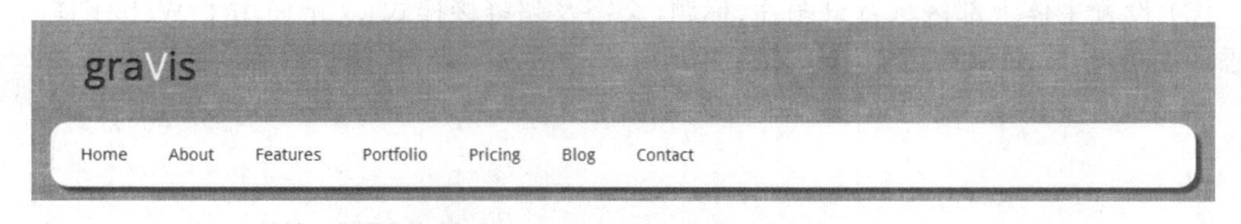

图 13-5　设置页首元素样式

代码如下:

```
    header img {
        margin:20px 0 20px 20px;
    }
    nav {
        background-color: #FFF;
        border-radius: 15px;
        box-shadow: 5px 5px 2px #666;
    }
    nav ul {
        list-style-type: none;
        padding:20px 0 20px 10px;
    }
    nav li {
        display: inline;
        padding:0 15px;
    }
    nav a:link,nav a:visited {
        color: #333;
        text-decoration: none;
    }
    nav a:hover {
        color: #000;
        text-decoration: underline;
    }
```

(4) 为主体内容区域添加圆角,并添加阴影。代码如下:

```
.content {
    border-radius: 15px;
    box-shadow: 5px 5px 2px #666;
    background-color: #FFF;
    padding: 20px;
    margin:20px 0;
}
```

(5) 设置主体上部区域背景图片、标题、文字及超链接样式，文字使用了 Web 字体，并部分添加了透明度，效果如图 13-6 所示。

图 13-6　主体上部区域样式

代码如下：

```
.curtain {
    height: 350px;
    border-right:1px solid #DDD;
    border-left:1px solid #DDD;
    border-bottom:2px solid #CCC;
    border-radius: 5px;
    padding-left: 80px;
    background-image: url(img/html5.png);
    background-repeat: no-repeat;
    background-position: 350px top;
    padding-top: 100px;
}
.curtain h2 {
    font-family: 'economicabold';
    font-size: 66px;
```

```
        margin-bottom: 40px;
    }
    .curtain p {
        font-family: 'economicabold';
        font-size: 24px;
        width: 450px;
        opacity: 0.8;
        margin-bottom: 60px;
    }
    .curtain a {
        font-family: 'BEBAS';
        font-size: 14px;
        color: #000;
        text-decoration: none;
        border: 8px solid #000;
        border-radius: 30px;
        padding:10px 20px;
        opacity: 0.8;
        word-spacing: 5px;
    }
    .curtain a:hover {
        text-decoration: underline;
    }
```

（6）设置左下区域 leftspan 中图片和文字的样式，图片的透明度设为 0.5，鼠标悬停时透明度为 1，效果如图 13-7 所示。

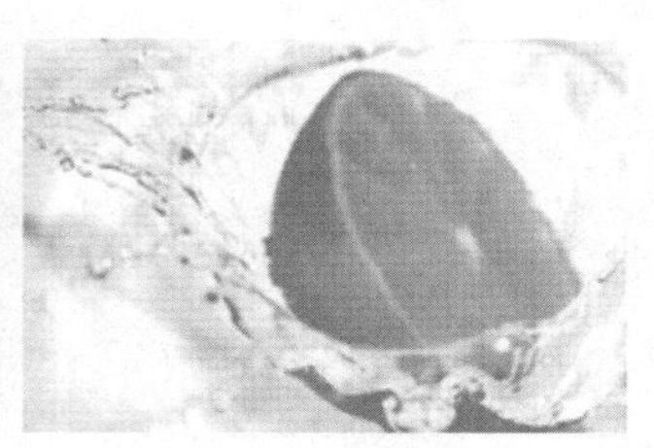
Latest Works
Mobile App
Lorem ipsum dolor sit amet, consectetur adipisicing elit, sed do eiusmod tempor incididunt ut labore et dolore magna aliqua. Ut enim ad minim veniam
Mobile App
Lorem ipsum dolor sit amet, consectetur adipisicing elit, sed do eiusmod tempor incididunt ut labore et dolore magna aliqua. Ut enim ad minim veniam
Mobile App
Lorem ipsum dolor sit amet, consectetur adipisicing elit, sed do eiusmod tempor incididunt ut labore et dolore magna aliqua. Ut enim ad minim veniam

图 13-7　左下区域 leftspan 样式

代码如下：

```
.leftspan {
    clear: none;
    float: left;
    width: 670px;
}
.span1,.span2,.span3 {
    text-align: center;
    width: 210px;
    clear: none;
    float: left;
}
.span2 {
    margin: 0 20px;
}
.leftspan h3 {
    font-weight: normal;
    padding:20px 0 10px 20px;
}
.leftspan h4 {
    font-weight: normal;
    font-size: 15px;
    opacity: 0.8;
    margin: 10px 0;
}
.leftspan p {
    font-size: 13px;
    opacity: 0.5;
    line-height: 1.5em;
}
.leftspan img {
    opacity: 0.5;
}
.leftspan img:hover {
    opacity: 1;
}
```

（7）为右下区域 rightbox 设置圆角以及渐变背景颜色，效果如图 13-8 所示。

代码如下：

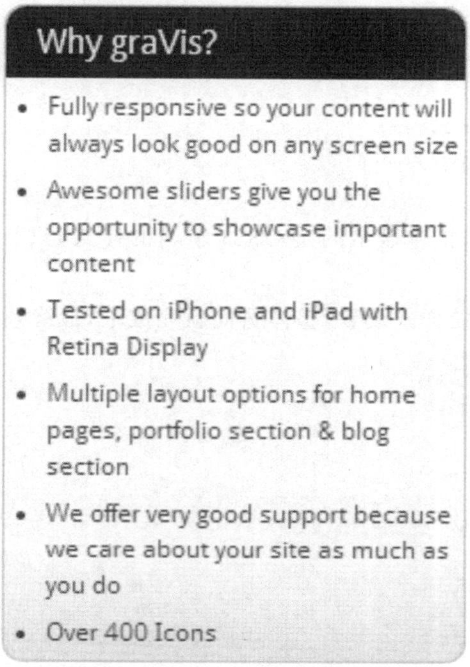

Why graVis?

- Fully responsive so your content will always look good on any screen size
- Awesome sliders give you the opportunity to showcase important content
- Tested on iPhone and iPad with Retina Display
- Multiple layout options for home pages, portfolio section & blog section
- We offer very good support because we care about your site as much as you do
- Over 400 Icons

图 13-8　右下区域 rightbox 样式

```
.rightbox {
    clear: none;
    float: right;
    width: 220px;
    border-radius: 10px;
    background: #FFF;
    background: linear-gradient(top,#ffffff 0%,#f7f7f7 84%,#e8e8e8 100%);
    margin-top: 10px;
    border: 1px solid #CCC;
}
.rightbox h3 {
    font-weight: normal;
    color: #FFF;
    padding:8px 0 8px 15px;
    background-color: #333;
    border-radius: 10px 10px 0 0;
}
.rightbox ul{
    margin-left:10px;
```

```
}
.rightbox li {
    font-size: 12px;
    opacity: 0.7;
    line-height: 1.5em;
    margin: 5px 0 5px 10px;
}
```

在上面的样式设置中,粗体显示的是CSS3新增的样式,只有支持CSS3的浏览器才能显示这些效果。

完成了以上七个部分的样式设置,整体页面就完成了,最终效果如图13-1所示。

项目十四　Web测试与发布

项目导读

一个页面完成后，我们却发现它在浏览器中并没有像我们所预期的那样显示，或者在有的浏览器中显示得很好，但是在有的浏览器中却显示得不一样。使用 HTML 和 CSS 设计的页面在众多浏览器平台（尤其是老版本的浏览器）中，很容易产生各种各样的问题。因此，我们在页面完成之后需要对页面进行测试与调试，以保证它们在各个浏览器中都能正常显示。当完成了测试与调试之后，我们还需要将页面传送到 Web 服务器，这样才能在公众网络中访问它们。本项目介绍了页面的测试与调试方法，以及如何将网页发布到网络上。

任务一　代码验证

页面完成之后，我们可以通过 HTML 和 CSS 验证器来对它们进行最基本的代码验证。

一、HTML 验证器

在浏览器中输入网址"http://validator.w3.org/"，即可进入 W3C 的 HTML 验证器，如图 14-1 所示。

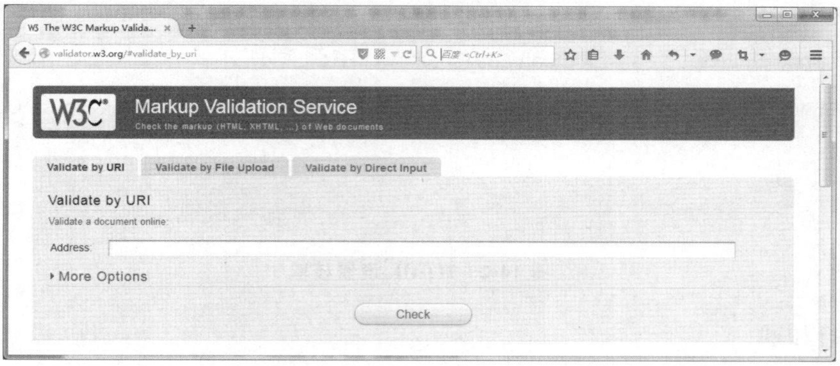

图 14-1　HTML 验证器

HTML 验证器可以对代码和语言规则进行比较，并将其发现的不一致的情况显示为错误或警告。它还可以提示语法错误，无效的元素、属性和值，以及错误的元素嵌套。但是，它无法判断页面内容应该由哪个元素进行标记。

HTML 验证器提供了以下三种校验方式。

- Validate by URI：通过网址校验。
- Validate by File Upload：通过文件上传校验。
- Validate by Direct Input：直接输入代码校验。

下面我们以“网址校验”为例来说明 HTML 代码验证的基本步骤。

1. 设置校验选项

在地址栏中输入要校验的网址，如“http://www.whvcse.com”，打开“More Options”(更多选项)，勾选“Show Source”和“Verbose Output”，可以帮助找到错误代码所在行和错误原因，将“Character Encoding”(字符编码)设置为“gb2312(Chinese, simplified)”，选择“Document Type”为当前页面所使用的 HTML 版本，如图 14-2 所示。

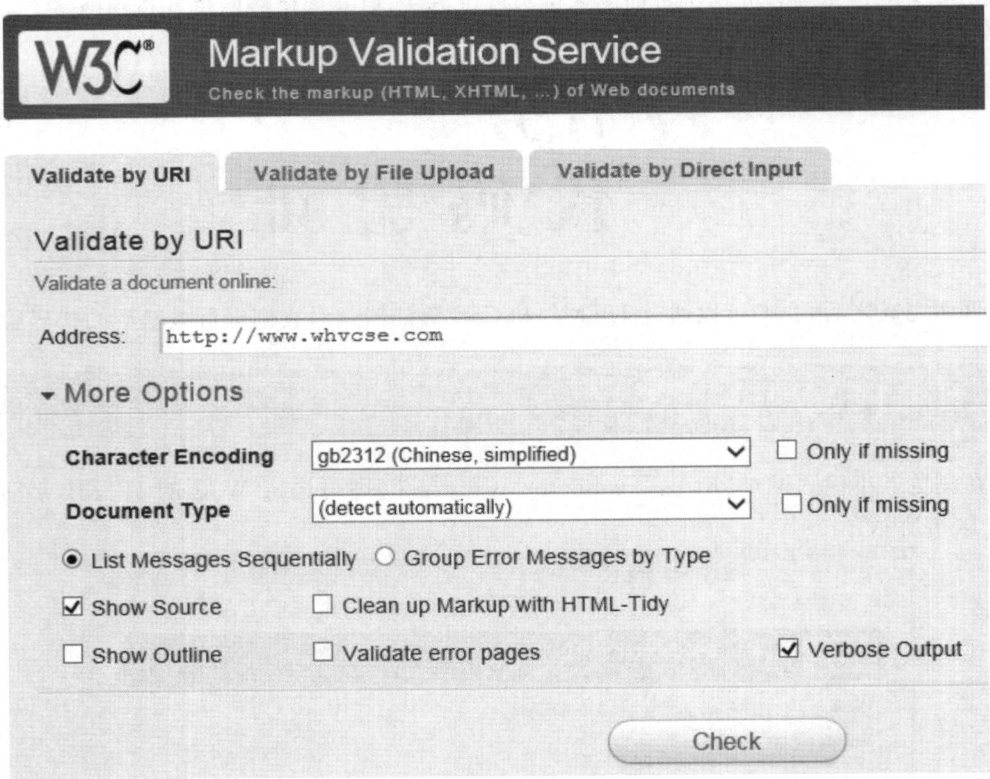

图 14-2　HTML 设置校验

2. 进行校验

单击“Check”按钮即进行校验，并且很快会得到校验结果。

3. 校验结果

假设当前页面使用的版本是 XHTML 1.0，如果校验成功，会显示校验成功信息，如图 14-3 所示。

THIS PAGE IS VALID XHTML 1.0 TRANSITIONAL!

图 14-3　HTML 校验成功

如果校验失败，会显示更多校验选项和错误信息，如图 14-4 所示。

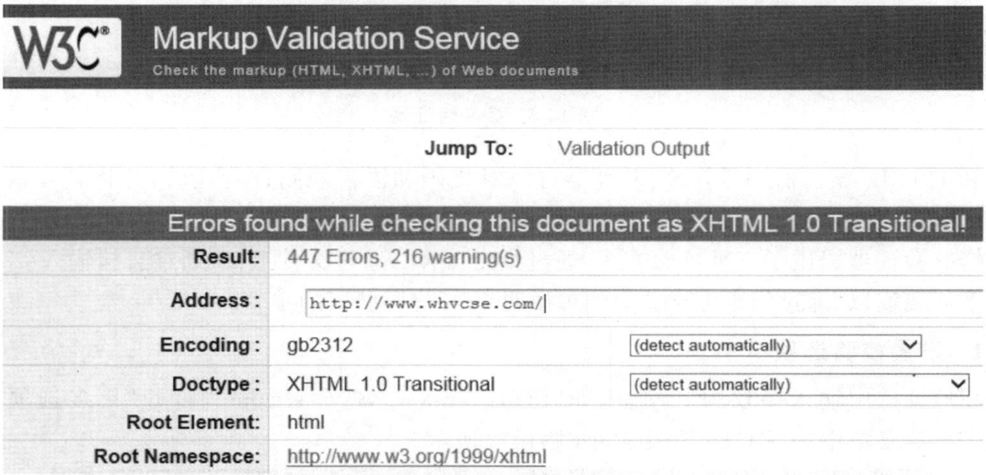

W3C® Markup Validation Service
Check the markup (HTML, XHTML, ...) of Web documents

Jump To: Validation Output

Errors found while checking this document as XHTML 1.0 Transitional!

Result:	447 Errors, 216 warning(s)
Address:	http://www.whvcse.com/
Encoding:	gb2312 (detect automatically)
Doctype:	XHTML 1.0 Transitional (detect automatically)
Root Element:	html
Root Namespace:	http://www.w3.org/1999/xhtml

图 14-4　HTML 校验失败

HTML 校验常见错误原因参看表 14-1。

表 14-1　HTML 校验常见错误原因对照

错误提示	错误原因
No DOCTYPE Found!	未定义 DOCTYPE
No Character Encoding Found!	未定义语言编码
an attribute value specification must be an attribute value literal unless SHORTTAG YES is specified	属性值必须加引号

二、CSS 验证器

在浏览器中输入网址"http://jigsaw.w3.org/css-validator/"，即可进入 CSS 验证器，如图 14-5 所示。

图 14-5　CSS 验证器

和 HTML 验证器一样，CSS 验证器可以对代码和语言规则进行比较，并将其发现的不一致的情况显示为错误或警告。它还可以提示语法错误及无效的 CSS 属性和值。

CSS 验证器提供了三种校验方式：通过指定 URL、通过文件上传、通过直接输入。

下面我们以“通过指定 URL”为例来说明 CSS 代码验证的步骤。

1. 设置校验选项

在地址栏中输入要校验的网址，如“http://www.whvcse.com”，打开“更多选项”，在“配置”下拉菜单中选择 CSS 的版本，如图 14-6 所示。

图 14-6　CSS 校验设置

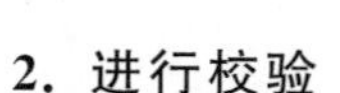

2. 进行校验

单击"Check"按钮进行校验，并且很快会得到校验结果。

3. 校验结果

假设当前页面使用的是 CSS 2，如果校验成功，会显示"恭喜恭喜，此文档已经通过CSS 版本 2 校验！"，如图 14-7 所示。

W3C CSS 校验器结果：TextArea (CSS 版本 2)

恭喜恭喜

恭喜恭喜，此文档已经通过 CSS 版本 2 校验!

图 14-7　CSS 校验成功

如果校验失败，会显示两类错误：错误和警告。错误表示一定要修正，否则无法通过校验；警告表示有代码不被 W3C 推荐，建议修改，如图 14-8 所示。

W3C CSS 验证服务

W3C CSS 校验器结果：http://www.whvcse.com (CSS 版本 2)

查看：　错误 (30)　　警告 (25)　　已经校验的层叠样式表

W3C CSS 校验器结果：http://www.whvcse.com (CSS 版本 2)

错误：(30)

URI : http://www.whvcse.com/css/div.css

56	.newsleft_1	属性 layout-flow 不存在：vertical-ideographic
72	.newsleft_2	属性 layout-flow 不存在：vertical-ideographic
88	.newsleft_3	属性 layout-flow 不存在：vertical-ideographic

URI : http://www.whvcse.com/css/txt.css

图 14-8　CSS 校验失败

CSS 校验常见错误原因参照表 14-2。

需要说明的是，将页面放到万维网上之前，不需要确保它们都能通过验证器的检查。实际上，大多数网页都有一些错误。浏览器可以处理很多类型的错误，同时忽略一些其他的错误，从而以它们能实现的最佳方式将页面呈现出来。

表 14-2 CSS校验常见错误原因对照表

错误提示	错误原因
(错误)无效数字 ：color669090 不是一个 color 值 ：669090	十六进制颜色值必须加"＃"号，即＃669090
(错误)无效数字 ：margin-top：3pixels	pixels 不是一个单位值，正确写法 margin-top：3px
(错误)属性 scrollbar-face-color 不存在：＃eeeeee	定义滚动条颜色是非标准的属性
(错误)值 cursor：hand 不存在	hand 是非标准属性值，修改为 cursor：pointer
(警告)Line：0 font-family：建议你指定一个种类作为最后的选择	W3C 建议字体定义的时候，最后以一个类别的字体结束，例如"sans-serif"，以保证在不同操作系统下，网页字体都能被显示
(警告)Line ：0 can't find the warning message for other profile	表示在代码中有非标准属性或值，校验程序无法判断和提供相应的警告信息

任务二 测试页面

即使代码通过了 HTML 和 CSS 验证，页面仍然有可能出现错误。为了保证页面在不同的浏览器上都能正常显示，我们还需要对页面进行测试，即在不同的浏览器中检查页面。

一般的页面测试方法就是在构建页面的过程中定期在几个浏览器中对页面进行检查，当页面完成以后，再在全套浏览器中检查。完成整个网站之后，可能还需要在浏览器中再次进行测试，确保整个网站没有问题。

大多数网站开发人员都会在以下浏览器中进行测试：

- Chrome 的最新版本；
- Firefox 的最新版本；
- Internet Explorer 8＋；
- Safari 的最新版本。

页面测试的主要内容有以下几个方面：

- 页面的整体布局是否和期望一致；
- 页面布局是否能适应不同的屏幕尺寸；

- 超级链接是否都能正常打开；
- 所有图像是否都能正常显示。

任务三 HTML和CSS中的常见错误

一、HTML 常见错误

在编写 HTML 代码的时候一定要仔细，并熟练掌握 HTML 规则，因为是手工录入，可能会出现一些微小的错误，这些错误有可能会导致严重的后果。

1. 输入错误

输入错误是很容易出现的，但是输入错误是比较难检查出来的，因为容易进入思维定式。

例如下面的代码：

```
<img scr="image/logo.jpg" />
```

在上面的代码中，并没有语法错误，但是图像的属性 src 拼写错误，将"src"拼写成了"scr"，这类错误并不是很容易发现。

对于标记输入错误，可以使用 Dreamweaver 等代码编辑工具来帮助解决。例如，Dreamweaver 具有代码提示功能，以方便网页设计者对 HTML 源代码进行编辑。在代码视图中，这种提示工具会根据上下文的环境自动弹出来，从弹出的列表中选择需要输入的代码。例如，当输入"<i"时，会弹出图 14-9 所示的代码提示列表，光标会自动定位到"i"开头的代码。

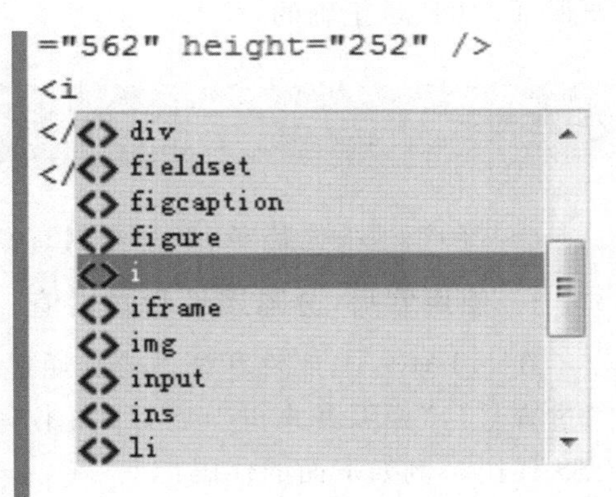

图 14-9　代码提示

Dreamweaver 的代码视图会用不同的颜色显示不同的代码，以帮助设计者快速发现错误，并改正错误。

2. 标记的嵌套

在使用嵌套标记时，一定要注意标记的一一对应，例如下面的代码：

```
<!--错误使用-->
<p>这是一个段落<em>强调的内容</p></em>
<!--正确使用-->
<p>这是一个段落<em>强调的内容</em></p>
```

3. 属性值的引号

在HTML代码中属性值要使用引号，如果属性值的内容里面也需要用到引号，可以在属性值中间用单引号，或者使用HTML转义字符“"”表示引号。例如下面的代码：

```
<!--错误使用-->
<img  src="images/logo.gif" alt=""武汉"">
<!--正确使用-->
<img  src="images/logo.gif" alt="This's a logo. "/>
<img  src="images/logo.gif" alt="&quot;武汉 &quot;">
```

4. 空元素和非空元素的结束标记

HTML的元素分为空元素和非空元素两类。非空元素有开始标记和对应的结束标记；空元素只有开始标记，没有结束标记。在使用的时候不要给空元素添加结束标记。虽然浏览器对这些错误也能正确显示，但是我们需要严谨的编码习惯。例如下面的代码：

```
<!--错误使用-->
<img  src="smile.gif" ></img>
<!--正确使用-->
<img  src="smile.gif" />
```

5. URL

在HTML中给超级链接或者图像使用URL时，无论是使用绝对路径或相对路径，一定要保证URL是正确的。

二、CSS中的常见错误

CSS的语法非常简单，但是在书写CSS代码的时候也经常会出现一些错误。

1. 使用冒号:分隔属性和属性值

在HTML中，属性和属性值是通过等于号“=”分隔的；而在CSS中，属性和属性值是通过冒号“:”分隔开来的。所以，在书写的时候要注意不要因为习惯HTML代码而错写CSS代码。例如下面的代码：

```
/*错误使用*/
p
{
color=#ff0000;
}
/*正确使用*/
```

```
p
{
color: #ff0000;
}
```

在冒号之前或之后添加额外的空格不会产生错误也不会影响显示，但习惯上在冒号之后加上一个空格。

2. 以分号;结束每个属性

在CSS代码中，每个属性声明都以一个分号结束，不能有多余的分号，也不能缺少分号。为了更容易发现错误，最好的做法就是让每个属性声明都单独占用一行。例如下面的代码：

```
/*错误使用*/
p
{
font-size:2emcolor:red;
}
/*正确使用*/
p
{
font-size:2em;
color: red;
}
```

3. 属性值数字和单位之间不能有空格

当属性值需要使用到单位时，数值和单位之间不允许出现空格。例如下面的代码：

```
/*错误使用*/
p
{
font-size:2em;
}
/*正确使用*/
p
{
font-size:2em;
}
```

4. 属性和属性值的匹配

属性和属性值在使用的时候，要注意它们之间的匹配。例如 text-align 属性的取值只能是 left、right、center、justify 和 inherit，如果使用了语句“text-align: top;”就是无效的，因为 top 不是 text-align 可以取的值。

任务四 网站发布

网站通过测试后,基本上完成了网站的编辑工作,要想让其他用户访问设计好的网站,就需要将站点发布到 Internet 中。

将站点发布到 Internet 中需要三个部分的支持:网站域名、服务器空间、网站(网页)。

一、注册网站域名

1. 获得域名

要发布网站,首先要为网站申请一个域名及一个方便浏览者记忆并用于访问的网站地址。

域名是由国际域名管理组织或国内的相关机构统一管理的。在搜索引擎中搜索"域名注册",可搜索到很多网络公司代理域名注册业务。虽然各个提供商的申请步骤不完全相同,但基本流程是一致的。可以直接在这些网络公司注册一个域名,当然不同域名注册商的价格是不一样的。

域名的注册遵循"先申请先注册"的原则,同时每一个域名的注册都是唯一的、不可重复的。因此,在网络上,域名是一种相对有限的资源。

域名对于企业开展电子商务具有重要的作用,它被誉为网络时代的"环球商标",一个好的域名会大大增加企业在互联网上的知名度。因此,企业如何选取好的域名就显得十分重要。

2. 域名的选取

域名的选取应该遵循的原则:简明易记,便于输入;要有一定的内涵和意义。

常用的域名选取技巧有以下几点:

- 用企业名称的汉语拼音作为域名;
- 用企业名称相应的英文名称作为域名;
- 用企业名称的缩写作为域名;
- 用汉语拼音的谐音形式作为域名;
- 在企业名称前后加上与网络相关的前缀或后缀作为域名;
- 以中英文结合的形式作为域名。

二、申请网站空间

域名注册成功后,还需要在网络上申请一个服务器空间,用于存储网站文件以供浏览者

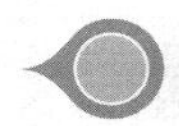

访问,并且需要将服务器空间的IP地址与域名绑定,以方便浏览者记忆和访问。

访问网站的过程实际上就是用户计算机和服务器进行数据连接和数据传递的过程,这就要求网站必须存放在服务器上才能被访问。一般的网站不需要使用一个独立的服务器,而是在网络公司租用一定大小的储存空间来支持网站的运行。这个租用的网站存储空间就是服务器空间,服务器空间也叫“虚拟主机”。虚拟主机的价格比较便宜,是网络发展的福音,极大地促进了网络技术的应用和普及。

三、网站上传

网站上传就是将设计与测试完成的网站上传到服务器空间中。

成功申请服务器空间后,需要将网站全部文件上传到服务器空间,即可完成网站发布工作,浏览者就可以通过域名进行访问了。

上传网站通常使用FTP软件进行,该软件操作方便。

下面使用Dreamweaver软件来完成这个任务。

1. 新建站点

单击“站点”→“新建站点”命令,弹出站点设置对象对话框,在该对话框中的“站点名称”文本框中输入站点的名称,单击“本地站点文件夹”文本框后的“浏览”按钮,弹出“选择根文件夹”对话框,浏览到本地站点的位置。单击“选择”按钮,确定本地站点的位置,单击“保存”按钮,即可完成本地站点的创建,如图14-10所示。

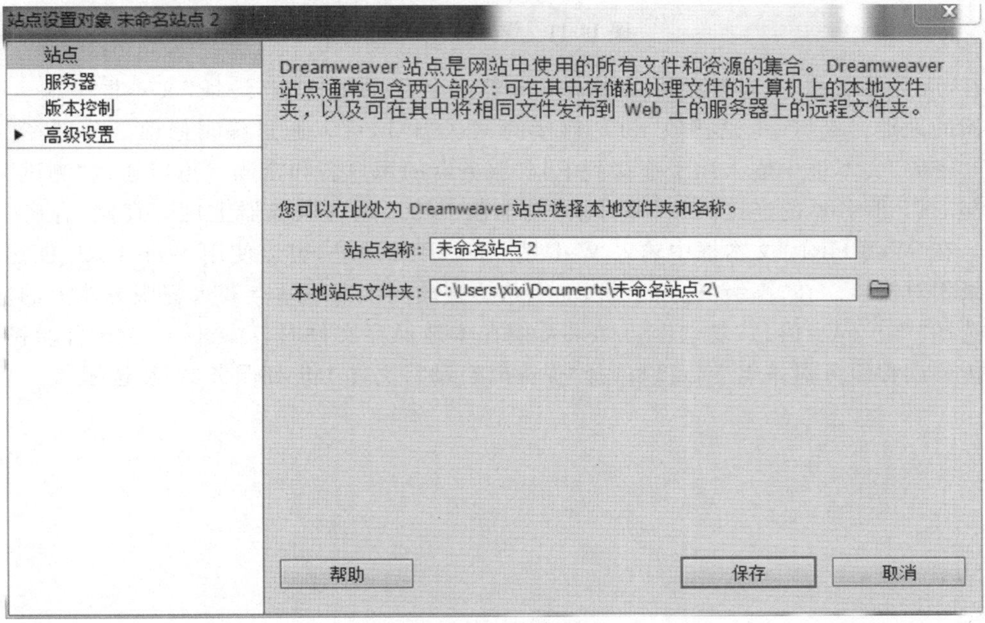

图14-10　新建站点

2. 设置站点服务器

在站点设置对象对话框中单击“服务器”选项，可以切换到“服务器”选项卡，在该选项卡中可以指定远程服务器和测试服务器，单击“添加服务器”按钮，弹出“服务器设置”窗口，如图 14-11 所示。

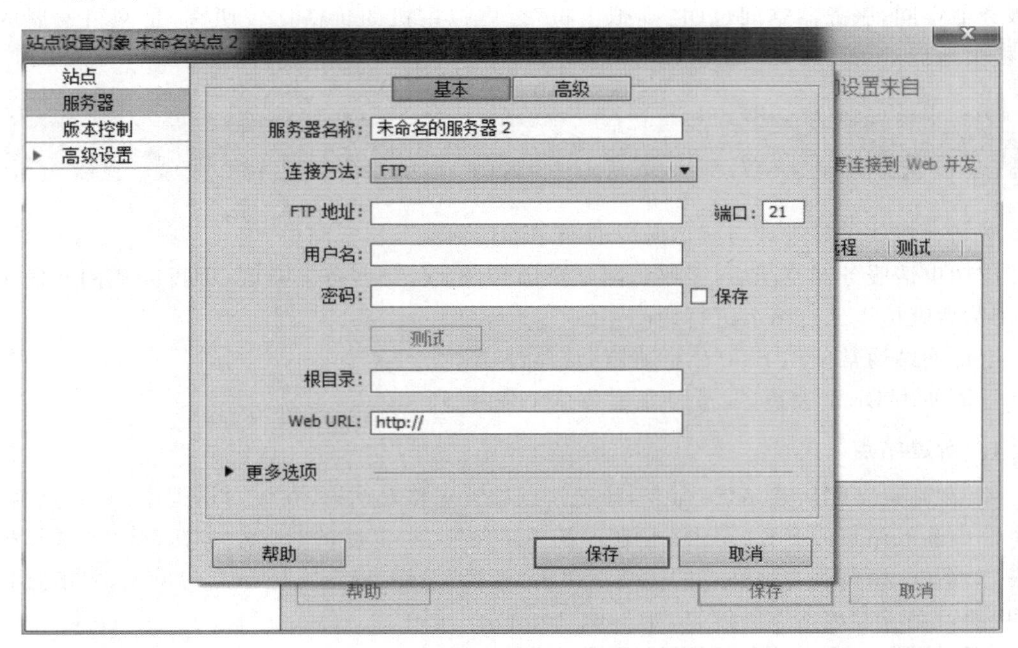

图 14-11 设置站点服务器

在“服务器名称”文本框中可以指定服务器的名称。在“FTP 地址”文本框中输入 FTP 服务器的地址。端口 21 是接收 FTP 连接的默认端口，可以通过编辑修改。分别在“用户名”和“密码”文本框中输入用于连接到 FTP 服务器的用户名和密码。可以通过“测试”按钮测试与 FTP 服务器的连接。在“根目录”文本框中输入远程服务器上用于存储站点文件的目录。在“Web URL”文本框中输入 Web 站点的 URL 地址，可以使用 Web URL 创建站点根目录相对链接。在“高级”选项卡中，如果希望自动同步本地站点和远程服务器上的文件，应该选择“维护同步信息”复选框。如果希望在本地保存文件时，Dreamweaver 自动将该文件上传到远程服务器站点中，可以选择“保存时自动将文件上传到服务器”复选框。

[1] Elizabeth Castro, Bruce Hyslop. HTML5 与 CSS3 基础教程[M]. 8 版. 望以文, 译. 北京: 人民邮电出版社, 2014.

[2] 库波, 汪晓青. HTML5 与 CSS3 网页设计[M]. 北京: 北京理工大学出版社, 2013.